QISHIYE DANWEI
XIAOFANG ANQUAN GUANLI SHIWU

企事业单位
消防安全管理实务

张奎杰　吴翔华　栗　欣　主编

北京理工大学出版社
BEIJING INSTITUTE OF TECHNOLOGY PRESS

图书在版编目（CIP）数据

企事业单位消防安全管理实务 / 张奎杰，吴翔华，栗欣主编．--北京：北京理工大学出版社，2022.6

ISBN 978-7-5763-1365-9

Ⅰ.①企… Ⅱ.①张…②吴…③栗… Ⅲ.①企事业单位—消防—安全管理—中国 Ⅳ.①TU998.1

中国版本图书馆CIP数据核字（2022）第095765号

出版发行 / 北京理工大学出版社有限责任公司
社　　址 / 北京市海淀区中关村南大街5号
邮　　编 / 100081
电　　话 / （010）68914775（总编室）
（010）82562903（教材售后服务热线）
（010）68944723（其他图书服务热线）
网　　址 / http://www.bitpress.com.cn
经　　销 / 全国各地新华书店
印　　刷 / 保定市中画美凯印刷有限公司
开　　本 / 710毫米×1000毫米　1/16
印　　张 / 10
字　　数 / 179千字
版　　次 / 2022年6月第1版　2022年6月第1次印刷
定　　价 / 68.00元

责任编辑 / 徐艳君
文案编辑 / 徐艳君
责任校对 / 周瑞红
责任印制 / 李志强

编　委　会

主　　任： 刘　震　张奎杰

主　　编： 张奎杰　吴翔华　栗　欣

副 主 编： 张庆伟

编写人员： 吴翔华　栗　欣　张庆伟

郭元刚　贾令龙　刘鲁楠

董瑞章　吴　昊　王振昊

前　言

随着社会经济的发展，各类新型生产加工场所不断增多，高层、地下、大跨度等建筑如雨后春笋，同时各类火灾隐患也随之增多，消防安全管理工作的复杂性、重要性不断增强。近年来国内外发生多起重大火灾事故，日常消防安全管理不规范、建筑消防设施未很好发挥作用是导致灾害发生并蔓延扩大的重要因素，因此加强、规范单位消防安全管理是预防火灾的发生、减少火灾危害的重要保障。

本书编写人员长期工作在消防监督一线，结合实践工作经验，依据国家相应标准规范、法律法规将各类纷繁复杂的消防安全管理要求、建筑防火规范要求等抽丝剥茧，着眼于日常消防安全管理的重点和基础工作，旨在简单、通俗、实用地为单位消防安全管理工作提供参考帮助。本书包括建筑防火基础知识、安全疏散、建筑消防设施的设置与管理、单位日常消防安全管理工作四篇：第一篇建筑防火基础知识主要介绍了建筑基础知识、建筑耐火等级要求和建筑内部、外部防火设计要求等内容；第二篇安全疏散主要介绍了安全出口、疏散楼梯、消防电梯、避难设施、事故广播、应急照明和防排烟设施等内容；第三篇建筑消防设施的设置与管理主要介绍了消防供水、室外消火栓系统、室内消火栓系统、自动喷水灭火系统、泡沫灭火系统、火灾自动报警系统、消防控制室、灭火器、消防用电等的设置和管理要求等内容；第四篇单位日常消防安全管理工作主要介绍了单位消防安全管理基础工作、日常消防安全管理任务、应急处置、消防管理制度制定要点等内容。

在本书编写过程中，刘震、张奎杰、吴翔华、栗欣等人精心设置章节内容。本书第一篇第一章、第二篇第一章至第三章由吴翔华编写；第二篇第四章、第四篇第四章由栗欣编写；第一篇第二章至第四章由张庆伟编写；第二篇第五章、第四篇第一章由贾令龙编写；第二篇第六章、第四篇第三章由董瑞章编写；第三篇第一章至第六章由郭元刚编写；第三篇第七章至第九章、第四篇第二章由刘鲁楠编写。全书由刘震、张奎杰统编定稿，张庆伟、吴昊、王振昊校对，栗欣修订。在本书编写过程中，还有很多同志给予了积极支持和协助，在此一并表示感谢。

本书涉及的各类法律法规和技术标准内容依据的法律规定、技术标准有修订不符的，请读者使用中以新实施的法律法规和技术标准为准。因编写时间仓促，书中难免存在疏漏和不足之处，恳请读者提出宝贵意见。

目录

第一篇　建筑防火基础知识

第二篇 安全疏散

第三篇　建筑消防设施的设置与管理

第四篇 单位日常消防安全管理工作

第一篇
建筑防火基础知识

第一章 认识建筑

建筑是建筑物与构筑物的总称，是人们为了满足社会生活需要，利用所掌握的物质技术手段，并运用一定的科学规律、风水理念和美学法则创造的人工环境。有些分类为了明确表达使用性，会将建筑物与人们不长期占用的非建筑结构物区别，另外有些建筑学者也为了避免混淆，而刻意在其中把外形经过人们有意识创作出来的建筑物细分为“建筑”。需注意的是，有时建筑物也可能会被扩展到包涵“非建筑构筑物”，诸如桥梁、电塔、隧道等。

建筑物有广义和狭义两种含义。广义的建筑物是指人工建筑而成的所有东西，既包括房屋，又包括构筑物。

狭义的建筑物是指房屋，不包括构筑物。房屋是指有基础、墙、顶、门、窗，能够遮风避雨，供人在内居住、工作、学习、娱乐、储藏物品或进行其他活动的空间场所。建筑相关专业多是指狭义的建筑物含义。最能够说明“建筑”相关专业学习的建筑物的概念是老子的：“埏埴以为器，当其无有，器之用也。凿户牖以为室，当其无有，有室之用。”这也无疑是对狭义建筑物概念最清晰最直接的表述。

有别于建筑物，构筑物是没有可供人们使用的内部空间的，人们一般不直接在内进行生产和生活活动，如烟囱、水塔、桥梁、水坝、雕塑等。

建筑物的结构主要有基础、地基、墙体、柱、地面、楼板、梁、屋顶、电梯、管道井等。基础是建筑物的组成部分，是建筑物地面以下的承重构件，它支撑着其上部建筑物的全部荷载，并将这些荷载及基础自重传给下面的地基。地基不是建筑物的组成部分，是承受由基础传下来的荷载的土体或岩体，建筑物必须建造在坚实可靠的地基上。墙体和柱均是竖向承重构件，它支撑着屋顶、楼板等，并将这些荷载及自重传给基础。地面是指建筑物底层的地坪，主要作用是承受人、家具等荷载，并将这些荷载均匀地传给地基。楼板是分隔建筑物上下层空间的水平承重构件，主要作用是承受人、家具等荷载，并将这些荷载及自重传给承重墙或梁、柱、基础。梁是跨过空间的横向构件，主要起结构水平承重作用，承担其上的板传来的荷载，再传到支撑它的柱或墙体上。屋顶是建筑物顶部起到覆盖作用的维护构件，由屋顶、承重结构层、保温隔热层和顶棚组成。电梯是建筑内的竖向交通工具，可分为客梯、货梯、消防电梯和观光电梯等。电缆井是各类管道集中设施的竖向分割空间。

第一节　建筑分类

一、按使用性质分类

1. 居住建筑：是指供家庭或个人较长时期居住使用的建筑，又可分为住宅和集体宿舍两类（住宅分为普通住宅、高档公寓和别墅；集体宿舍分为单身职工宿舍和学生宿舍）。

2. 公共建筑：是指供人们购物、办公、学习、医疗、旅行、体育等使用的非生产性建筑，如办公楼、商店、旅馆、影剧院、体育馆、展览馆、医院等。

3. 工业建筑：是指供工业生产使用或直接为工业生产服务的建筑，如厂房、仓库等。

4. 农业建筑：是指供农业生产使用或直接为农业生产服务的建筑，如料仓、养殖场等。

二、按建筑高度分类

建筑高度一般按室内设计地坪正负零为起点计算，建筑高度大于27m的住宅建筑和建筑高度大于24m的非单层厂房、仓库和其他民用建筑为高层建筑，其他为单、多层建筑。建筑总高度超过100m的，不论是住宅还是公共建筑、综合性建筑均称为超高层建筑。

三、按建筑结构分类

建筑结构是指建筑物中由承重构件（基础、墙体、柱、梁、楼板、屋架等）组成的体系。

1. 砖木结构建筑：这类建筑物的主要承重构件是用砖木做成的，其中竖向承重构件的墙体和柱采用砖砌，水平承重构件的楼板、屋架采用木材。这类建筑物的层数一般较低，通常在三层以下。

2. 砖混结构建筑：这类建筑物的竖向承重构件采用砖墙或砖柱，水平承重构件采用钢筋混凝土楼板、屋顶板，其中也包括少量的屋顶采用木屋架。这类建筑物的层数一般在六层以下，造价低、抗震性差，开间、进深及层高都受限制。

3. 钢筋混凝土结构建筑：这类建筑物的承重构件如梁、板、柱、墙、屋架等，是由钢筋和混凝土两大材料构成的。其围护构件如墙、隔墙等是由轻质砖或其他砌体做成的。特点是结构适应性强、抗震性好、经久耐用。钢筋混凝土结构房屋的种类有框架结构、框架剪力墙结构、剪力墙结构、筒体结构、框架筒体结构和筒中筒结构。

4. 钢结构建筑：这类建筑物的主要承重构件均由钢材构成，其建筑成本高，多用于多层公共建筑或跨度大的建筑。

四、按建筑物的施工方法分类

1. 现浇现砌式建筑：这种建筑物的主要承重构件均是在施工现场浇筑和砌筑而成的。

2. 预制、装配式建筑：这种建筑物的主要承重构件是在加工厂制成预制构件，在施工现场装配而成的。

3. 部分现浇现砌、部分装配式建筑：这种建筑物的一部分构件（如墙体）是在施工现场浇筑或砌筑而成的，一部分构件（如楼板、楼梯）则采用在加工厂制成的预制构件。

第二节　建筑火灾危险性分类

根据《建筑设计防火规范》，工业建筑（主要包括厂房和仓库）使用或者储存物品的火灾危险性，分为甲、乙、丙、丁、戊五类，民用建筑分为单、多层民用建筑和高层民用建筑，其中高层民用建筑分为一类高层民用建筑和二类高层民用建筑。

一、厂房火灾危险性分类

（一）甲类厂房

使用或产生下列物质生产的为甲类厂房：

1. 闪点小于28℃的液体。

2. 爆炸下限小于10%的气体。

3. 常温下能自行分解或在空气中氧化能导致迅速自燃或爆炸的物质。

4. 常温下受到水或空气中水蒸气的作用，能产生可燃气体并引起燃烧或爆炸的物质。

5. 遇酸、受热、撞击、摩擦、催化以及遇有机物或硫黄等易燃的无机物，极易引起燃烧或爆炸的强氧化剂。

6. 受撞击、摩擦或与氧化剂、有机物接触时能引起燃烧或爆炸的物质。

7. 在密闭设备内操作温度大于等于物质本身自燃点的生产。

（二）乙类厂房

使用或产生下列物质生产的为乙类厂房：

1. 闪点大于等于28℃，但小于60℃的液体。

2. 爆炸下限不小于10%的气体。

3. 不属于甲类的氧化剂。

4. 不属于甲类的化学易燃危险固体。

5. 助燃气体。

6. 能与空气形成爆炸性混合物的浮游状态的粉尘、纤维，闪点大于等于60℃的液体雾滴。

（三）丙类厂房

使用或产生下列物质生产的为丙类厂房：

1. 闪点不小于60℃的液体。

2. 可燃固体。

（四）丁类厂房

使用或产生下列物质生产的为丁类厂房：

1. 对不燃烧物质进行加工，并在高温或熔化状态下经常产生强辐射热、火花或火焰的生产。

2. 利用气体、液体、固体作为燃料或将气体、液体进行燃烧作其他用的各种生产。

3. 常温下使用或加工难燃烧物质的生产。

（五）戊类厂房

常温下使用或加工不燃烧物质的生产厂房为戊类厂房。

注意：同一座厂房或厂房的任一防火分区内有不同火灾危险性生产时，厂房或防火分区内的生产火灾危险性类别应按火灾危险性较大的部分确定；当生产过程中使用或产生易燃、可燃物的量较少，不足以构成爆炸或火灾危险时，可按实际情况确定。

当符合下述条件之一时，可按火灾危险性较小的部分确定：

1. 火灾危险性较大的生产部分占本层或本防火分区建筑面积的比例小于5%

或丁、戊类厂房内的油漆工段小于10%，且发生火灾事故时不足以蔓延至其他部位或火灾危险性较大的生产部分采取了有效的防火措施；

2. 丁、戊类厂房内的油漆工段，当采用封闭喷漆工艺，封闭喷漆空间内保持负压、油漆工段设置可燃气体探测报警系统或自动抑爆系统，且油漆工段占所在防火分区建筑面积的比例不大于20%。

二、仓库火灾危险性分类

（一）甲类仓库

储存下列物品的为甲类仓库：

1. 闪点小于28℃的液体。

2. 爆炸下限小于10%的气体，受到水或空气中水蒸气的作用能产生爆炸下限小于10%气体的固体物质。

3. 常温下能自行分解或在空气中氧化能导致迅速自燃或爆炸的物质。

4. 常温下受到水或者空气中水蒸气的作用，能产生可燃气体并引起燃烧或者爆炸的物质。

5. 遇酸、受热、撞击、摩擦、催化以及遇有机物或者硫黄等易燃的无机物，极易引起燃烧或爆炸的强氧化剂。

6. 受撞击、摩擦或与氧化剂、有机物接触时能引起燃烧或爆炸的物质。

（二）乙类仓库

储存下列物品的为乙类仓库：

1. 闪点大于等于28℃，但小于60℃的液体。

2. 爆炸下限不小于10%的气体。

3. 不属于甲类的氧化剂。

4. 不属于甲类的易燃固体。

5. 助燃气体。

6. 常温下与空气接触能缓慢氧化，积热不散引起自燃的物品。

（三）丙类仓库

储存下列物品的为丙类仓库：

1. 闪点不小于60℃的液体。

2. 可燃固体。

（四）丁类仓库

储存难燃烧物品的为丁类仓库。

（五）戊类仓库

储存不燃烧物品行为戊类仓库。

注意：

1. 同一座仓库或仓库的任一防火分区内储存不同火灾危险性物品时，仓库或防火分区的火灾危险性应按火灾危险性最大的物品确定。

2. 丁、戊类仓库的火灾危险性，当可燃包装重量大于物品本身重量 1/4 或可燃包装体积大于物品本身体积的 1/2 时，应按丙类确定。

三、住宅建筑火灾危险性分类

1. 一类高层住宅：建筑高度大于 54m 的住宅建筑（包括设置商业服务网点的住宅建筑）。

2. 二类高层住宅：建筑高度大于 27m，但不大于 54m 的住宅建筑（包括设置商业服务网点的住宅建筑）。

3. 单、多层住宅：建筑高度不大于 27m 的住宅建筑（包括设置商业服务网点的住宅建筑）。

四、公共建筑火灾危险性分类

（一）一类高层公共建筑

1. 建筑高度大于 50m 的公共建筑。

2. 建筑高度 24m 以上部分任一楼层建筑面积大于 1000m^2 的商店、展览、电信、邮政、财贸金融建筑和其他多种功能组合的建筑。

3. 医疗建筑、重要公共建筑。

4. 省级以上的广播电视和防灾指挥调度建筑、网局级和省级电力调度建筑。

5. 藏书超过 100 万册的图书馆、书库。

（二）二类高层公共建筑

除一类高层公共建筑外的其他高层公共建筑。

（三）单、多层公共建筑

建筑高度大于 24m 的单层公共建筑和建筑高度不大于 24m 的其他公共建筑。

第二章
建筑物的耐火等级要求

第一节　耐火等级概念

为了保证建筑物的安全，必须采取必要的防火措施，使之具有一定的耐火性，即使发生了火灾也不至于造成太大的损失，通常用耐火等级来表示建筑物所具有的耐火性。一座建筑物的耐火等级不是由一两个构件的耐火性决定的，是由组成建筑物的所有构件的耐火性决定的，即是由组成建筑物的墙、柱、梁、楼板等主要构件的燃烧性能和耐火极限决定的。

我国现行规范选择楼板作为确定耐火极限等级的基准，因为对建筑物来说楼板是最具代表性的一种至关重要的构件。在制定分级标准时首先确定各耐火等级建筑物中楼板的耐火极限，然后将其他建筑构件与楼板相比较，在建筑结构中所占的地位比楼板重要的，可适当提高其耐火极限要求，否则反之。

各耐火等级的建筑物除规定了建筑构件最低耐火极限外，对其燃烧性能也有具体要求，因为具有相同耐火极限的构件若其燃烧性能不同，其在火灾中的情况是不同的。按照我国国家标准《建筑设计防火规范》，建筑物的耐火等级分为四级：

一级耐火等级建筑是钢筋混凝土结构或砖墙与钢筋混凝土结构组成的混合结构；

二级耐火等级建筑是钢结构屋架、钢筋混凝土柱或砖墙组成的混合结构；

三级耐火等级建筑物是木屋顶和砖墙组成的砖木结构；

四级耐火等级是木屋顶、难燃烧体墙壁组成的可燃结构。

第二节 工业建筑耐火等级要求

一、厂房耐火等级要求

1. 高层厂房，甲、乙类厂房的耐火等级不应低于二级。

2. 使用或产生丙类液体的厂房和有火花、赤热表面、明火的丁类厂房，其耐火等级均不应低于二级（除建筑面积不大于 $500m^2$ 的单层丙类厂房或建筑面积不大于 $1000m^2$ 的单层丁类厂房外）。

3. 锅炉房耐火等级不应低于二级（燃煤锅炉房且锅炉的总蒸发量不大于4t/h 的锅炉房除外）。

4. 油浸变压器室、高压配电装置室的耐火等级不应低于二级，其他防火设计应符合现行国家标准《火力发电厂与变电站设计防火规范》（GB 50229—2019）等标准的规定。

5. 使用特殊贵重的机器、仪表、仪器等设备或物品的建筑，其耐火等级不应低于二级。

6. 单、多层丙类厂房和多层丁、戊类厂房的耐火等级不应低于三级。

7. 使用或产生丙类液体的厂房和有火花、赤热表面、明火的丁类厂房，当为建筑面积不大于 $500m^2$ 的单层丙类厂房或建筑面积不大于 $1000m^2$ 的单层丁类厂房时，可采用三级耐火等级的建筑。

8. 建筑面积不大于 $300m^2$ 的独立甲、乙类单层厂房可采用三级耐火等级的建筑。

9. 燃煤锅炉房且锅炉的总蒸发量不大于 4t/h 时，可采用三级耐火等级的建筑。

二、仓库耐火等级要求

1. 储存特殊贵重的机器、仪表、仪器等设备或物品的建筑，其耐火等级不应低于二级。

2. 高架仓库、高层仓库、甲类仓库、多层乙类仓库和储存可燃液体的多层丙类仓库，其耐火等级不应低于二级。

3. 粮食筒仓的耐火等级不应低于二级，二级耐火等级的粮食筒仓可采用钢板仓。

4. 二级耐火等级的散装粮食平房仓可采用无防火保护的金属承重构件。

5. 单层乙类仓库，单层丙类仓库，储存可燃固体的多层丙类仓库和多层丁、戊类仓库，其耐火等级不应低于三级。

6. 粮食平房仓的耐火等级不应低于三级。

第三节　民用建筑耐火等级要求

民用建筑包括居住建筑和公共建筑，一般来说其耐火等级应当达到以下要求：

1. 一类高层民用建筑、地下或半地下建筑耐火等级应为一级。

2. 二类高层民用建筑、单多层重要公共建筑耐火等级不低于二级。

注意：

（1）高度大于100m的民用建筑楼板耐火极限不应低于2.0h；

（2）一、二级耐火等级建筑上人平屋顶屋面板耐火极限不应低于1.5h、1.0h；

（3）一、二级耐火等级建筑屋面板应采用不燃材料；二、三级耐火等级建筑内门厅、走道的吊顶应为不燃材料；二级耐火等级采用不燃材料吊顶，其耐火极限不限（二级耐火等级要求吊顶为难燃性，0.25h）；

（4）二级耐火等级建筑内采用难燃性墙体的房间隔墙，其耐火极限不应低于0.75h，房间面积不大于100m^{2}时，房间隔墙可采用耐火极限不低于0.5h的难燃性墙体或耐火极限不低于0.3h的不燃性墙体；

（5）建筑中非承重外墙、房间隔墙和屋面板，确需采用金属夹芯板材时，其芯材应为不燃材料，且耐火极限符合相应耐火等级规定；

（6）建筑内预制钢筋混凝土构件的节点外露部位，应当采取防火保护措施，且节点的耐火极限不应低于相应构件的耐火极限。

第三章
建筑物外部防火设计要求

建筑物外部防火设计要求主要包括设置一定防火间距防止火势蔓延、设置消防车道以确保遇有灾情得到及时处置等。

第一节　防火间距

防火间距是一幢建筑物起火，对面建筑物在热辐射的作用下，即使没有任何保护措施，也不会起火的最小距离。火灾能否蔓延到相邻建筑物，除建筑物间的距离外，还受建筑物发生火灾时的热辐射、热对流和飞火等三个因素的制约。

影响防火间距的因素很多，主要有热辐射、热对流、建筑物外墙门窗洞口的面积、建筑物的可燃物种类和数量、风速、相邻建筑物的高度、建筑物内消防设施、灭火时间等。影响防火间距的因素很多，在实际工程中不可能都考虑，通常确定建筑物的防火间距主要考虑热辐射的作用、灭火作战的实际需要、有利于节约用地等原则，按相邻建筑物外墙的最近距离计算，如外墙有凸出的可燃结构，则应从其凸出部分外缘算起；如为储罐或堆场，则应从储罐外壁或堆场的堆垛外缘算起，建筑物防火间距应符合《建筑设计防火规范》的要求。

第二节　消防车道

消防车道是指火灾时供消防车通行的道路。根据规定消防车道的净宽和净空高度均不应小于4.0m，消防车道上不允许停放车辆，防止发生火灾时堵塞。

一、不同建筑物消防车道设置要求

1. 高层民用建筑应设环形消防车道，确有困难时可沿建筑的两个长边设置消防车道。对于高层住宅建筑和山坡地或河道边临空建造的高层民用建筑，可沿建筑的一个长边设置消防车道，但该长边所在建筑立面应为消防车登高操作面。

2. 当建筑物沿街道部分的长度大于150m、总长度大于220m，应设置穿过建筑物的消防车道，确有困难时，应设置环形消防车道。

3. 有封闭内院或天井的建筑物，当内院或天井的短边长度大于24m，宜设置进入内院或天井的消防车道；当该建筑沿街时，应设置连通街道和内院的人行通道（可利用楼梯间），其间距不宜大于80m。

4. 在穿过建筑物或进入建筑物内院的消防车道两侧，不应设置影响消防车通行或人员疏散的设施。

二、消防车道一般要求

1. 净宽度和净高度均不应小于4m。

2. 转弯半径应满足消防车转弯要求（消防车转弯半径通常为9～12m）。

3. 消防车道与建筑之间不应设置妨碍消防车操作的树木、架空管线等。

4. 消防车道靠外墙一侧的边缘距离建筑外墙不宜小于5m。

5. 消防车道坡度不宜大于8%。

6. 环形消防车道至少应有两处与其他车道连通。

7. 尽头式消防车道应设置回车场，回车场面积不应小于12m×12m，对于高层建筑不宜小于15m×15m，供重型消防车使用时不宜小于18m×18m。

8. 消防车道的路面、救援操作场地、消防车道和救援操作场地下面的管道和暗沟等，应能承受重型消防车的压力。

9. 消防车道可利用城乡、厂区道路等，但该道路应满足消防车同行、转弯和停靠的要求。

10. 消防车道不宜与铁路正线平交，确需平交时，应设置备用车道，且两车道的间距不应小于一列火车的长度。

第三节　消防登高场地

消防登高场地即消防登高车作业场地，或消防扑救场地。在火灾发生，需要使用登高消防车作业进行救人和灭火时，提供的消防登高车停车和作业的场地，叫作消防登高场地。

一、不同建筑物设置消防登高场地的要求

1. 高层建筑应至少沿一个长边或周边长度的1/4且不小于一个长边长度的底边连续布置消防登高场地，该范围内裙房进深不应大于4m。

2. 建筑高度不大于50m的建筑，连续布置消防登高场地确有困难时，可间隔布置，但间隔不宜大于30m，且消防登高场地的总长度仍应符合上述规定。

二、消防登高场地设置的一般要求

1. 场地与建筑之间不应设置妨碍消防车操作的树木、架空管线等障碍物和车库出入口。

2. 场地的长度和宽度分别不应小于15m和10m。

3. 大于50m的建筑，场地的长度和宽度分别不应小于20m和10m。

4. 场地及其下面的建筑结构、管道和暗沟等，应能承受重型消防车压力。

5. 场地应与消防车道连通，场地靠建筑外墙一侧的边缘距离建筑外墙不宜小于5m，且不应大于10m，场地坡度不宜大于3%。

6. 建筑物与消防登高场地相对应的范围内，应设置直通室外的楼梯或者直通楼梯间的入口。

第四章
建筑内部防火设计要求

第一节　防火分区

防火分区是指用防火墙、楼板、防火门或防火卷帘分隔的区域，可以将火灾限制在一定的局部区域内（在一定时间内），不使火势蔓延。在建筑物内划分防火分区，可以在建筑物一旦发生火灾时，有效地把火势控制在一定的范围内，减少火灾损失，同时可以为人员安全疏散、消防扑救提供有利条件。划分防火分区主要采取设置防火墙、防火门、防火卷帘等构件设备。

防火分区按其作用可分为水平防火分区和竖向防火分区。水平防火分隔有防火墙、防火门、防火窗、防火卷帘、防火水幕等，建筑的墙体客观上也发挥着防火分隔作用。竖向防火分隔有楼板、避难层、防火挑檐、功能转换层等。竖向防火分区，用以防止多层或高层建筑物层与层之间竖向发生火灾蔓延；水平防火分区，用以防止火灾在水平方向扩大蔓延。建筑物防火分区面积要符合《建筑设计防火规范》的规定。

第二节　常见防火分割构件

一、防火墙

1. 防火墙应直接设置在建筑的基础或框架、梁等承重结构上，框架、梁等承重结构的耐火极限不应低于防火墙的耐火极限。

2. 防火墙应从楼地面基层隔断至梁、楼板或者屋面板的底面基层。当高层厂房（仓库）屋顶承重构件和屋面板的耐火极限低于1h，其他建筑屋顶承重构件和屋面板耐火极限低于0.5h时，其防火墙应高出屋面0.5m以上。

3. 防火墙横截面中心线水平距离天窗端面小于4m，且天窗为可燃性墙体时，应采取防止火势蔓延的措施。

4. 建筑外墙为难燃性或可燃性墙体时，防火墙应凸出墙的外表面0.4m以上，且防火墙的两侧的外墙均应为宽度不小于2m的不燃性墙体，其耐火极限不应低于外墙的耐火极限。

5. 建筑外墙为不燃性墙体时，防火墙可不凸出墙的外表面，紧靠防火墙两侧的门窗洞口之间最近边缘的水平距离不应小于2m，采取设置乙级防火窗等防止火灾水平蔓延的措施时，该距离不限。

6. 建筑内的防火墙不宜设置在转角处，确需设置时，内转角两侧墙上的门窗洞口之间最近边缘的水平距离不应小于4m，采取设置乙级防火窗等防止火灾水平蔓延的措施时，该距离不限。

7. 防火墙上不应开设门窗洞口，确需开设时，应设置可开启或火灾时能自动关闭的甲级防火门、窗。

8. 可燃气体和甲、乙、丙类液体的管道严禁穿过防火墙，防火墙内不应设置排气道。

9. 除《建筑设计防火规范》6.1.5条规定外的气体管道不宜穿过防火墙，确需穿过时，应采用防火封堵材料将墙与管道之间的空隙紧密填实，穿过防火墙处的管道保温材料，应采用不燃材料；当管道为难燃及可燃材料时，应在防火墙两侧的管道上采取防火措施。

10. 防火墙的构造应能在防火墙任意一侧的屋架、梁、楼板等受到火灾的影响而破坏时，不会导致防火墙倒塌。

二、防火门

按防火门的开闭状态，可以分为常开防火门和常闭防火门。

（一）设置一般要求

1. 设置在建筑内经常有人通行处的防火门宜采用常开防火门。常开防火门应能在火灾时自行关闭，并应具有信号反馈的功能。

2. 除允许设置常开防火门的位置外，其他位置的防火门均应采用常闭防火门。常闭防火门应在其明显位置设置“保持防火门关闭”等提示标识。

3. 除管井检修门和住宅的户门外，防火门应具有自行关闭功能。双扇防火门应具有按顺序自行关闭的功能。

4. 除《建筑设计防火规范》另有规定外，防火门应能在其内外两侧手动开启。

5. 设置在建筑变形缝附近时，防火门应设置在楼层较多的一侧，并应保证防火门开启时门扇不跨越变形缝。

6. 防火门关闭后应具有防烟性能。

7. 甲、乙、丙级防火门应符合现行国家标准《防火门》（GB 12955—2015）的规定。

（二）日常管理要求

1. 防火门应组件齐全完好，启闭灵活，关闭严密。

2. 常闭防火门闭门器、顺序器应完好有效，处于闭合状态，双扇防火门应按顺序关闭，关闭后应能从内、外两侧人为开启。

3. 常闭防火门开启后应能自动闭合。

4. 电动常开防火门，应在火灾报警或消防控制室远程操作后自动关闭并反馈信号。

5. 设置在疏散通道上，并设有出入口控制系统的防火门，应能自动和手动解除出入口控制系统。

6. 防火门应具备防烟功能，防烟胶条受热膨胀性能应符合规定。

7. 防火门监控器应运行正常，无故障。

8. 防火门施工质量应符合要求，门框应填充水泥砂浆等材料确保门框防火性能和支撑性。

三、防火卷帘

（一）设置一般要求

1. 除中庭外，当防火分隔部位的宽度不大于30m时，防火卷帘的宽度不应大于10m。当防火分隔部位的宽度大于30m时，防火卷帘的宽度不应大于该部位宽度的1/3，且不应大于20m。

2. 防火卷帘应具有火灾时靠自重自动关闭功能。

3. 当防火卷帘的耐火极限符合现行国家标准《门和卷帘耐火试验方法》（GB/T 7633—2008）有关耐火完整性和耐火隔热性的判定条件时，可不设置自动喷水灭火系统保护。

4. 当防火卷帘的耐火极限仅符合现行国家标准《门和卷帘耐火试验方法》有关耐火完整性的判定条件时，应设置自动喷水灭火系统保护。自动喷水灭火系统的设计应符合现行国家标准《自动喷水灭火系统设计规范》（GB 50084—2017）的规定，但火灾延续时间不应小于该防火卷帘的耐火极限。

5. 防火卷帘应具有防烟性能，与楼板、梁、墙、柱之间的空隙应采用防火封堵材料封堵。

6. 需在火灾时自动降落的防火卷帘，应具有信号反馈的功能。

7. 其他要求，应符合现行国家标准《防火卷帘》（GB 14102—2005）的规定。

（二）日常管理要求

1. 防火卷帘各种组件应保持完好有效。

2. 防火卷帘门两侧各0.5m范围内不得堆放物品，宜设置醒目标线标识。

3. 防火卷帘的手动、远程、联动启动应正常，主要包括自动控制（探测器报警后联动控制、消防控制室操作）、手动功能（操纵卷帘门自动运行的电动按钮）和机械控制（手动操作位置一般都设在卷帘轴一侧）。

四、防火窗

1. 设置在防火墙、防火隔墙上的防火窗，应采用不可开启的窗扇或具有火灾时能自行关闭的功能。

2. 防火窗应符合现行国家标准《防火窗》（GB 16809—2008）的有关规定。

3. 防火窗各组件应保持完好有效。

五、防火分隔设施的维保

1. 消防安全重点单位每日检查一次，其他单位每周检查一次防火门外观，防火门启闭状况，防火卷帘外观，防火卷帘工作状态。

2. 每月至少检查一次防火门启闭功能，防火卷帘自动启动和现场手动功能，电动防火门联动功能，电动防火阀的启、闭功能。

3. 每年至少通过报警联动检查一次防火卷帘门及电动防火门的功能。

第三节　重点部位的防火要求

一、营业厅防火要求

1. 商店建筑、展览建筑采用三级耐火等级建筑时，不应超过二层，采用四级耐火等级建筑时，应为单层。

2. 营业厅，展览厅设置在三级耐火等级建筑内时，应布置在首层或二层，设置在四级耐火等级的建筑内时，应布置在首层。

3. 营业厅、展览厅不应设置在地下三层及以下楼层。

4. 地下或半地下营业厅、展览厅不应经营、储存和展示甲、乙类火灾危险性物品。

二、儿童活动场所防火要求

1. 设置在一、二级耐火等级建筑内时，应布置在首层或二层或三层。
2. 设置在三级耐火等级的建筑内时，应布置在首层或二层。
3. 设置在四级耐火等级建筑内时，应布置在首层。
4. 设置在高层建筑内时，应设置独立的安全出口和疏散楼梯。
5. 设置在单多层建筑内时，宜设置独立的安全出口和疏散楼梯。

三、使用可燃液体的部位防火要求

应采用耐火极限不低于2h的防火隔墙与其他部位分隔，墙上的门、窗应采用乙级防火门、窗，确有困难时，可采用防火卷帘，但应符合《建筑设计防火规范》的规定。

四、附属库房防火要求

应采用耐火极限不低于2h的防火隔墙与其他部位分隔，墙上的门、窗应采用乙级防火门、窗，确有困难时，可采用防火卷帘，但应符合《建筑设计防火规范》的规定。

五、厨房防火要求

应采用耐火极限不低于2h的防火隔墙与其他部位分隔，墙上的门、窗应采用乙级防火门、窗，确有困难时，可采用防火卷帘，但应符合《建筑设计防火规范》的规定。

六、剧场电影院礼堂防火要求

附设在其他建筑内时，至少应设置1个独立的安全出口和疏散楼梯，并应符合下列规定：

1. 应采用耐火极限不低于2.0h的防火隔墙和甲级防火门与其他区域分隔。

2. 设置在一、二级耐火等级的建筑内时，观众厅宜布置在首层、二层或三层；确需布置在四层及以上时，一个厅室的疏散门不应少于2个，且每个观众厅的建筑面积不宜大于400m^2。

3. 设置在三级耐火等级的建筑内时，不应布置在三层及以上楼层。

4. 设置在地下或半地下时，宜设置在地下一层，不应设置在地下三层及以下楼层。

5. 设置在高层建筑内时，应设置自动报警系统及自动喷水灭火系统等自动灭火系统。

七、会议厅、多功能厅等人员密集场所防火要求

宜布置在首层、二层或三层；设置在三级耐火等级的建筑内时，不应布置在三层及以上楼层；确需布置在一、二级耐火等级建筑的其他楼层时，应符合下列规定：

1. 一个厅室的疏散门不应少于 2 个，且建筑面积不宜大于 $400m^2$。

2. 设置在地下、半地下时，宜设置在地下一层，不应设置在地下三层及以下楼层。

3. 设置在高层建筑内时，应设置火灾自动报警系统和自动喷水灭火系统等自动灭火系统。

八、歌舞娱乐放映游艺场所（不含剧场、电影院）防火要求

歌舞厅、录像厅、夜总会、卡拉 OK 厅（含具有卡拉 OK 功能的餐厅）、游艺厅（含电子游艺厅）、桑拿浴室（不包括洗浴部分）、网吧等的布置应符合下列规定：

1. 不应布置在地下二层及以下楼层。

2. 宜布置在一、二级耐火等级建筑内的首层、二层或三层靠外墙部位。

3. 不宜布置在袋形走道的两侧或尽端。

4. 确需布置在地下一层时，地下一层的地面与室外出入口地坪的高差不应大于 10m。

5. 确需布置在地下或四层及以上楼层时，一个厅室的建筑面积不应大于 $200m^2$。

6. 厅室之间及与建筑其他部位之间，应采用耐火极限不低于 2.0h 的防火隔墙和 1.0h 的不燃性楼板分隔，设置在厅、室墙上的门和该场所与建筑内其他部位相通的门均应采用乙级防火门。

九、燃油或燃气锅炉、油浸变压器、充有可燃油的高压电容器和多油开关防火要求

1. 采用相对密度（与空气密度比值）不小于 0.75 的可燃气体为燃料的锅炉，不得设置在地下或半地下。

2. 锅炉房、变压器室的疏散门均应直通室外或安全出口。

3. 锅炉房、变压器室与其他部位之间应采用耐火极限不低于 2h 的防火隔墙

和1.5h的不燃性楼板分隔。在隔墙和楼板上不应开设洞口，确需在隔墙上设置门、窗时，应采用甲级防火门窗。

4. 锅炉房内设置储油间时，其总储量不应大于$1m^3$，且储油间应采用耐火极限不低于3h的防火隔墙与锅炉间分隔；确需在防火隔墙上设置门时，应采用甲级防火门。

5. 变压器室之间，变压器与配电室之间，应设置防止油品流散的设施。油浸变压器下面应设置能储存变压器全部油量的事故储油设施。

6. 应设置火灾报警装置。

7. 应设置与锅炉、变压器、电容器和多油开关等的容量及规模相适应的灭火设施，当建筑内其他部位设置自动喷水灭火系统时，应设置自动喷水灭火系统。

8. 锅炉的容量应符合现行国家标准《锅炉房设计规范》（GB 50041—2020）的规定。油浸变压器的总容量不应大于126kV·A，单台容量不应大于630kV·A。

9. 燃气锅炉房应设置爆炸泄压设施。燃油或燃气锅炉房应设置独立的通风系统。

十、柴油发电机房防火要求

布置在民用建筑内的柴油发电机房应符合下列规定：

1. 宜布置在首层或地下一、二层。

2. 不应布置在人员密集场所的上一层、下一层或贴邻。

3. 应采用耐火极限不低于2h的防火隔墙和1.5h的不燃性楼板与其他部位分隔，门应采用甲级防火门。

4. 机房内应设置储油间时，其总储量不应大于$1m^3$，储油间应采用耐火极限不低于3h的防火隔墙与发电机间分隔；确需在防火隔墙上开门时，应设置甲级防火门。

5. 应设置火灾报警装置。

6. 应设置与柴油发电机容量和建筑规模相适应的灭火设施，当建筑内其他部位设置自动喷水灭火系统时，机房内应设置自动喷水灭火系统。

十一、供建筑内使用的丙类液体燃料储罐防火要求

供建筑内使用的丙类液体燃料储罐应布置在建筑外，并应符合下列规定：

1. 当总容量不大于$15m^3$且直埋于建筑附近、面向油罐一面4m范围内的建筑外墙为防火墙时，储罐与建筑的防火间距不限。

2. 当总容量大于$15m^3$时，储罐的布置应符合《建筑设计防火规范》关于液

体储罐防火间距的规定。

3. 当设置中间罐时，中间罐的容量不应大于 $1m^3$，并应设置在一、二级耐火等级的单独房间内，房间门应采用甲级防火门。

十二、消防控制室防火要求

1. 应采用耐火极限不低于 2h 的防火隔墙和 0.5h 的楼板与其他部位分隔。
2. 开向建筑内的门应采用乙级防火门。
3. 宜布置在首层、地下一层，不应布置在地下二层及以下。

十三、消防水泵房防火要求

1. 附设在建筑内的消防水泵房应采用耐火极限不低于 2h 的隔墙和 1.5h 的楼板与其他部位隔开。
2. 开向建筑内的门应采用甲级防火门。
3. 不应布置在地下三层及以下，或室内地面与室外出入口地坪高差大于 10m 的地下楼层。

十四、通风空气调节机房防火要求

1. 应采用耐火极限不低于 2h 的防火隔墙和 1.5h 的楼板与其他部位分隔。
2. 设置在丁、戊类厂房内的通风机房，应采用耐火极限不低于 1h 的防火隔墙和 0.5h 的楼板与其他部位分隔。
3. 开向建筑内的门应采用甲级防火门。

十五、变配电室防火要求

1. 应采用耐火极限不低于 2h 的防火隔墙和 1.5h 的楼板与其他部位分隔。
2. 开向建筑内的门应采用甲级防火门。

十六、灭火设备室防火要求

1. 应采用耐火极限不低于 2h 的防火隔墙和 1.5h 的楼板与其他部位分隔。
2. 开向建筑内的门应采用乙级防火门。

十七、液化石油气瓶组防火要求

建筑采用液化石油气瓶组供气时，应符合下列规定：

1. 应设置独立的瓶组间。
2. 瓶组间不应与住宅建筑、重要公共建筑和其他高层公共建筑贴邻，液化石油气气瓶的总容积不大于1m^3 的瓶组间与所服务的其他建筑贴邻时，应采用自然气化方式供气。

3. 液化石油气气瓶的总容积大于1m^3、不大于4m^3 的独立瓶组间，与所服务的建筑的防火间距应符合表1.4.1的规定。

表1.4.1　液化石油气气瓶的独立瓶组与所服务建筑的防火间距　m

名称		液化石油气气瓶的独立瓶组间的总容积 V/m^3	
		$V\leqslant 2$	$2<V\leqslant 4$
明火或散发火花地点		25	30
重要公共建筑、一类高层民用建筑		15	20
裙房和其他民用建筑		8	10
道路（路边）	主要	10	
	次要	5	

注：气瓶总容积应按配置气瓶个数与单瓶几何容积的乘积计算。

4. 在瓶组间的总出气管道上应设置紧急事故自动切断阀。

5. 瓶组间应设置可燃气体浓度报警装置。

6. 其他防火要求应符合现行国家标准《城镇燃气设计规范》（GB 50028—2006）的要求。

十八、冷库防火要求

1. 冷库、低温环境生产场所采用泡沫塑料等可燃材料作墙体内的绝热层时，宜采用不燃绝热材料在每层楼板处做水平防火分隔。防火分隔部位的耐火极限不应低于楼板的耐火极限。冷库阁楼层和墙体的可燃绝热层宜采用不燃性墙体分隔。

2. 冷库、低温环境生产场所采用泡沫塑料作内绝热层时，绝热层的燃烧性能不应低于B1级，且绝热层的表面应采用不燃材料做防护层。

3. 冷库的库房与加工车间贴邻建造时，应采用防火墙分隔，当确需开设相互连通的开口时，应采取防火隔间等措施进行分隔，隔间两侧的门应为甲级防火门。当冷库的氨压缩机房与加工车间贴邻时，应采用不开门窗洞口的防火墙分隔。

十九、建筑幕墙防火要求

建筑幕墙应在每层楼板外沿采取符合规定的防火措施，幕墙与每层楼板、隔墙处的缝隙应采用防火封堵材料封堵。

二十、电梯井防火要求

1. 应独立设置，井内严禁敷设可燃气体和甲、乙、丙类液体管道，不应敷设与电梯无关的电缆、电线等。

2. 电梯井的井壁除设置电梯门、安全逃生门和通气孔外，不应设置其他开口。

二十一、管道井防火要求

1. 应独立设置，井壁的耐火极限不应低于 1.0h，井壁上的检查门应采用丙级防火门。

2. 应在每层楼板处用不低于楼板耐火极限的不燃材料或防火封堵材料封堵。

二十二、排烟井、排气道、电缆井

应独立设置，井壁的耐火极限不应低于 1.0h，井壁上的检查门应采用丙级防火门。

二十三、垃圾道

1. 应独立设置，井壁的耐火极限不应低于 1.0h，井壁上的检查门应采用丙级防火门。

2. 垃圾道宜靠外墙设置，垃圾道的排气口应直接开向室外，垃圾斗应采用不燃材料制作，并应能自行关闭。

二十四、电梯层门

1. 电梯层门的耐火极限不应低于 1.0h，并应符合现行国家标准《电梯层门耐火实验完整性、隔热性和热通量测定法》（GB/T 27903—2011）规定的完整性和隔热性要求。

2. 应在每层楼板除用不低于楼板耐火极限的不燃材料或防火封堵材料封堵。

二十五、户外广告牌

1. 户外电致发光广告牌不应直接设置在可燃、难燃材料的墙体上。

2. 户外广告牌的设置不应遮挡建筑的外窗，不应影响外部灭火救援行动。

二十六、闷顶

1. 闷顶内的非金属烟囱周围0.5m、金属烟囱0.7m范围内，应采用不燃材料作绝热层。

2. 层数超过2层的三级耐火等级建筑内的闷顶，应在每个防火隔断范围内设置老虎窗，且老虎窗的间距不宜大于50m。

3. 内有可燃物的闷顶，应在每个防火隔断范围内设置净宽度和净高度均不小于0.7m的闷顶入口；对于公共建筑，每个防火隔断范围内的闷顶入口不宜少于2个。闷顶入口宜布置在走廊中靠近楼梯间的部位。

二十七、建筑变形缝

1. 变形缝内的填充材料和变形缝的构造基层应采用不燃材料。

2. 电线、电缆、可燃气体和甲、乙、丙类液体的管道不宜通过建筑内的变形缝，确需穿过时，应在穿过处加设不燃材料制作的套管或采取其他防变形措施，并应采用防火封堵材料封堵。

二十八、管道

1. 防烟、排烟、供暖、通风和空气调节系统中的管道及建筑内的其他管道，在穿越防火隔墙、楼板和防火墙处的孔隙应采用防火封堵材料封堵。

2. 风管穿过防火隔墙、楼板和防火墙时，穿越处风管上的防火阀、排烟防火阀两侧各2.0m范围内的风管应采用耐火风管或风管外壁应采取防火保护措施，且耐火极限不应低于该防火分隔体的耐火极限。

3. 建筑内受高温或火焰作用易变形的管道，在贯穿楼板部位和穿越防火隔墙的两侧宜采取阻火措施。

二十九、天桥、栈桥和管沟

1. 天桥、跨越房屋的栈桥以及供输送可燃材料、可燃气体和甲、乙、丙类液体的栈桥，均应采用不燃材料。

2. 输送有火灾、爆炸危险物质的栈桥不应兼作疏散通道。

3. 封闭天桥、栈桥与建筑物连接处的门洞以及敷设甲、乙、丙类液体管道的封闭管沟（廊），均宜采取防止火灾蔓延的措施。

4. 连接两座建筑物的天桥、连廊，应采取防止火灾在两座建筑间蔓延的措施。当仅供通行的天桥、连廊采用不燃材料，且建筑物通向天桥、连廊的出口符合安全出口的要求时，该出口可作为安全出口。

第二篇
安全疏散

建筑物的安全疏散设施包括安全出口、疏散楼梯、疏散走道、消防电梯、消防广播系统、防排烟设施、屋顶直升机停机坪、应急照明和疏散指示标志等，自动扶梯和电梯不应计作安全疏散设施。

第一章 安全出口

安全出口是指符合规范规定的疏散楼梯或直通室外地平面的出口。为了在发生火灾时能够迅速安全地疏散人员和搬出贵重物资，减少火灾损失，在设计建筑物时必须设计足够数目的安全出口。

第一节　安全出口的数量

1. 安全出口和疏散门应分散布置，且每个防火分区或一个防火分区的每个楼层、每个住宅单元每层相邻两个安全出口以及每个房间相邻两个疏散门最近边缘的水平距离不应小于5m。

2. 除歌舞娱乐放映游艺场所外，防火分区建筑面积不大于200m^2的地下或半地下设备间、防火分区建筑面积不大于50m^2且经常停留人数不超过15人的其他地下或半地下建筑（室），可设置1个安全出口或1部疏散楼梯。

3. 除《建筑设计防火规范》另有规定外，建筑面积不大于200m^2的地下或半地下设备间，建筑面积不大于50m^2且经常停留人数不超过15人的其他地下或半地下房间，可设置1个疏散门。

4. 公共建筑内每个防火分区或一个防火分区每个楼层，安全出口数量应经计算确定，且不应少于2个。

5. 公共建筑内房间的疏散门数量应经计算确定且不少于2个，每个房间相邻2个疏散门最近边缘之间水平距离不应小于5m。

除托儿所、幼儿园、老年人照料设施、医疗建筑、教学建筑内位于走道尽端的房间外，符合下列条件之一的房间可设置 1 个疏散门：

（1）位于两个安全出口之间或袋形走道两侧的房间，对于托儿所、幼儿园、老年人照料设施，建筑面积不大于 $50m^2$；对于医疗建筑、教学建筑，建筑面积不大于 $75m^2$，对于其他建筑或场所，建筑面积不大于 $120m^2$；

（2）位于走道尽端的房间，建筑面积小于 $50m^2$ 且疏散门的净宽度不小于 0.9m，或由房间内任一点至疏散门的直线距离不大于 15m、建筑面积不大于 $200m^2$ 且疏散门的净宽度不小于 1.4m；

（3）歌舞娱乐放映游艺场所内建筑面积不大于 $50m^2$ 且经常停留人数不超过 15 人的厅、室或房间；

（4）建筑面积不大于 $200m^2$ 的地下或半地下设备间，建筑面积不大于 $50m^2$ 且经常停留人数不超过 15 人的其他地下或半地下房间。

6. 安全出口借用。一、二级耐火等级公共建筑内安全出口全部直通室外确有困难的防火分区，可利用通向相邻防火分区的甲级防火门作为安全出口，但应符合：

（1）利用通向相邻防火分区的甲级防火门作为安全出口时，应采用防火墙与相邻防火分区进行分隔；

（2）建筑面积大于 $1000m^2$ 的防火分区，直通室外的安全出口不应少于 2 个；建筑面积不大于 $1000m^2$ 的防火分区，直通室外的安全出口不应少于 1 个；

（3）该防火分区通向相邻防火分区的疏散净宽度不应大于其按《建筑设计防火规范》规定计算所需疏散总净宽度的 30%。

第二节　安全出口的管理

1. 安全出口及疏散通道应保持畅通，禁止堵塞、占用、锁闭及分隔，安全出口及疏散走道不应安装栅栏、卷帘门。

2. 常闭式防火门的闭门器、顺序器应完好有效，并应保持常闭状态；常开式防火门应能在接到火灾动作信号后自行关闭。

3. 平时需要控制人员出入或设有门禁系统的疏散门，应有保证火灾时人员疏散畅通的可靠措施。

4. 人员密集的公共建筑不宜在窗口、阳台等部位设置栅栏，当必须设置时，应设置易于从内部开启的装置。窗口、阳台灯部位宜设置辅助疏散逃生设施。

5. 举办会议、考试、表演等大型活动，应事先根据场所的疏散能力核定容纳人数。活动期间应对人数进行控制，采取防止超员的措施。

6. 安全出口、疏散通道的疏散指示标志应指示正确、位置醒目、不应遮挡，火灾事故应急照明设施应完好有效。

7. 高层建筑直通室外的安全出口上方，应设置挑出宽度不小于1.0m的防护挑檐。

第二章
疏散楼梯

疏散楼梯是指有足够防火能力可作为竖向通道的室内楼梯和室外楼梯。室内楼梯根据楼梯间形式可分为敞开楼梯间、封闭楼梯间和防烟楼梯间。作为安全出口的楼梯是建筑物中的主要垂直交通空间，它既是人员避难、垂直方向安全疏散的重要通道，又是消防队员灭火的辅助进攻路线。

第一节　疏散楼梯的数量

《建筑设计防火规范》对民用建筑疏散楼梯数量要求有明确的规定，这里主要介绍公共建筑疏散楼梯有关要求。

1. 公共建筑楼梯数量应经计算确定并不少于 2 部，符合下列条件之一的公共建筑，可设置 1 个安全出口或 1 部疏散楼梯：

（1）除托儿所、幼儿园外，建筑面积不大于 200m² 且人数不超过 50 人的单层公共建筑或多层公共建筑的首层；

（2）除医疗建筑，老年人建筑，托儿所、幼儿园的儿童用房，儿童游乐厅等儿童活动场所和歌舞娱乐放映游艺场所等外，符合表 2. 2. 1 规定的公共建筑。

表 2. 2. 1　可设置 1 部疏散楼梯的公共建筑

耐火等级	最多层数	每层最大面积	人数
一、二级	3 层	200m³	第二、三层人数之和不超 50 人
三级	3 层	200m³	第二、三层人数之和不超 25 人
四级	2 层	200m³	第二层人数不超 15 人

2. 设置不少于 2 部疏散楼梯的一、二级耐火等级多层公共建筑，如顶层局部升高，当高出部分层数不超 2 层、人数之和不超 50 人且每层建筑面积不大于 $200m^2$ 时，高出部分可设 1 部疏散楼梯，但仍至少应另设 1 个直通建筑主体上人平屋面的安全出口，且上人屋面应符合人员安全疏散的要求。

第二节 疏散楼梯的一般要求

1. 楼梯间应在首层直通室外，确有困难时，可在首层采用扩大的封闭楼梯间或防烟楼梯间前室。当层数不超过 4 层且未采用扩大封闭楼梯间或防烟楼梯间前室时，可将直通室外的门设置在离楼梯间不大于 15m 处。

2. 楼梯间应能天然采光和自然通风，并宜靠外墙设置。靠外墙设置时，楼梯间、前室及合用前室外墙上的窗口与两侧门、窗、洞口最近边缘的水平距离不应小于 1.0m。

3. 楼梯间内不应设置烧水间、可燃材料储藏室、垃圾道。

4. 楼梯间内不应有影响疏散的凸出物或其他障碍物。

5. 封闭楼梯间、防烟楼梯间及其前室，不应设置卷帘。

6. 楼梯间内不应设置甲、乙、丙类液体管道。

7. 封闭楼梯间、防烟楼梯间及其前室内禁止穿过或设置可燃气体管道。敞开楼梯间内不应设置可燃气体管道，当住宅建筑的敞开楼梯间内确需设置可燃气体管道和可燃气体计量表时，应采用金属管和设置切断气源的阀门。

8. 除通向避难层错位的疏散楼梯外，建筑内的疏散楼梯间在各层的平面位置不应改变。

9. 除住宅建筑套内的自用楼梯外，地下或半地下建筑（室）的疏散楼梯间，应符合下列规定：

（1）室内地面与室外出入口地坪高差大于 10m 或 3 层及以上的地下、半地下建筑（室），其疏散楼梯应采用防烟楼梯间；其他地下或半地下建筑（室），其疏散楼梯应采用封闭楼梯间；

（2）应在首层采用耐火极限不低于 2.00h 的防火隔墙与其他部位分隔并应直通室外，确需在隔墙上开门时，应采用乙级防火门；

（3）建筑的地下或半地下部分与地上部分不应共用楼梯间，确需共用楼梯间时，应在首层采用耐火极限不低于 2.00h 的防火隔墙和乙级防火门将地下或半地下部分与地上部分的连通部位完全分隔，并应设置明显的标志。

第三节　封闭楼梯间

封闭楼梯间是指用耐火建筑构配件分隔，能防止烟和热气进入的楼梯间。封闭楼梯间适用于厂房（仓库）、公共建筑和住宅建筑等地方。

一、封闭楼梯间设置场所

1. 高层建筑的裙房（当裙房与高层建筑主体之间设置防火墙时，裙房的疏散楼梯可按《建筑设计防火规范》有关单、多层建筑的要求确定）。

2. 建筑高度不大于 32m 的二类高层公共建筑。

3. 室内地面与室外出入口地坪高差小于等于 10m 或不超过 2 层的地下或半地下建筑（室），其疏散楼梯应采用封闭楼梯间。

4. 除与敞开式外廊直接相连的楼梯间外的下列建筑：

（1）医疗建筑、旅馆、老年人建筑及类似使用功能的建筑；

（2）设置歌舞娱乐放映游艺场所的建筑；

（3）商店、图书馆、展览建筑、会议中心及类似使用功能的建筑；

（4）6 层以上的其他建筑。

二、封闭楼梯间的要求

1. 不能自然通风或自然通风不能满足要求时，应设置机械加压送风系统或采用防烟楼梯间。

2. 除楼梯间的出入口和外窗外，楼梯间的墙上不应开设其他门、窗、洞口。

3. 高层建筑、人员密集的公共建筑、人员密集的多层丙类厂房，以及甲、乙类厂房，其封闭楼梯间的门应采用乙级防火门，并应向疏散方向开启；其他建筑，可采用双向弹簧门。

4. 楼梯间的首层可将走道和门厅等包括在楼梯间内形成扩大的封闭楼梯间，但应采用乙级防火门等与其他走道和房间分隔。

第四节　防烟楼梯间

防烟楼梯间是指在楼梯间入口处设有防烟前室、开敞式阳台或凹廊（统称前室）等设施，且通向前室和楼梯间的门均为防火门，以防止火灾的烟和热气进入的楼梯间。

一、防烟楼梯间设置场所

1. 一类高层公共建筑和建筑高度大于32m的二类高层公共建筑，其疏散楼梯应采用防烟楼梯间。

2. 室内地面与室外出入口地坪高差大于10m或3层及以上的地下、半地下建筑（室），其疏散楼梯应采用防烟楼梯间。

二、防烟楼梯间的要求

1. 应设置防烟设施。

2. 前室可与消防电梯间前室合用。

3. 前室的使用面积：公共建筑、高层厂房（仓库），不应小于6.0m^2；住宅建筑，不应小于4.5m^2。

4. 与消防电梯间前室合用时，合用前室的使用面积：公共建筑、高层厂房（仓库），不应小于10.0m^2；住宅建筑，不应小于6.0m^2。

5. 疏散走道通向前室以及前室通向楼梯间的门应采用乙级防火门。

6. 除住宅建筑的楼梯间前室外，防烟楼梯间和前室内的墙上不应开设除疏散门和送风口外的其他门、窗、洞口。

7. 楼梯间的首层可将走道和门厅等包括在楼梯间前室内形成扩大的前室，但应采用乙级防火门等与其他走道和房间分隔。

第五节　室外楼梯

室外疏散楼梯是指用耐火结构与建筑物分隔，设在墙外的楼梯。室外疏散楼梯主要用于应急疏散，可作为辅助防烟楼梯使用。

1. 栏杆扶手的高度不应小于1.10m，楼梯的净宽度不应小于0.90m。

2. 倾斜角度不应大于45°。

3. 梯段和平台均应采用不燃材料制作。平台的耐火极限不应低于1.00h，梯段的耐火极限不应低于0.25h。

4. 通向室外楼梯的门应采用乙级防火门，并应向外开启。

5. 除疏散门外，楼梯周围2m内的墙面上不应设置门、窗、洞口。疏散门不应正对梯段。

6. 高度大于10m的三级耐火等级建筑应设置通至屋顶的室外消防梯。室外消防梯不应面对老虎窗，宽度不应小于0.6m，且宜从离地面3.0m高处设置。

第六节 敞开楼梯间

敞开楼梯间是指建筑物内由墙体等围护构件构成的无封闭防烟功能，且与其他使用空间相通的楼梯间。敞开楼梯间除应满足疏散楼梯间的一般要求外，还应符合下列要求：

1. 房间门至最近的楼梯间的距离应满足安全疏散距离的要求。

2. 楼梯间在底层处应设直接对外的出口。当一般建筑中层数不超过 4 层时，可将对外出口设置在离楼梯间不超过 15m 处。

3. 公共建筑的疏散楼梯两段之间的水平净距不宜小于 150mm。

第三章
消防电梯

电梯主要应用于高层建筑中，是竖向联系的最主要交通工具，主要类型有乘客电梯、服务电梯、观光电梯、自动扶梯、食梯和消防电梯。直通建筑内附设汽车库的电梯，应在汽车库部分设置电梯候梯厅，并应采用耐火极限不低于2h的防火隔墙和乙级防火门与汽车库分隔。消防电梯一般与客梯等工作电梯兼用，是在建筑物发生火灾时供消防人员进行灭火与救援使用且具有一定功能的电梯。工作电梯在发生火灾时常常因为断电和不防烟火等而停止使用，因此设置消防电梯很有必要，其主要作用是：供消防人员携带灭火器材进入高层灭火；抢救疏散受伤或老弱病残人员；避免消防人员与疏散逃生人员在疏散楼梯上形成“对撞”，既延误灭火时机，又影响人员疏散；防止消防人员通过楼梯登高时间长，消耗大，体力不够，不能保证迅速投入战斗。

第一节　消防电梯设置场所

高层建筑应根据建筑物的重要性、高度、建筑面积、使用性质等情况设置消防电梯。通常设置场所有：

1. 建筑高度超过32m且设有电梯的高层厂房和建筑高度超过32m的高层库房，每个防火分区内宜设1台消防电梯。

2. 建筑高度超过33m的住宅建筑。

3. 一类高层公共建筑和建筑高度大于32m的二类高层公共建筑。

4. 设置消防电梯的建筑的地下或半地下室，埋深大于10m且总建筑面积大于3000m^{2}的其他地下或半地下建筑（室）。

第二节 消防电梯的要求

1. 消防电梯应分别设置在不同防火分区内，且每个防火分区不应少于1台。

2. 符合消防电梯要求的客梯或货梯可兼作消防电梯。

3. 除设置在仓库连廊、冷库穿堂或谷物筒仓工作塔内的消防电梯外，消防电梯应设置前室，并应符合下列规定：

（1）前室宜靠外墙设置，并应在首层直通室外或经过长度不大于30m的通道通向室外；

（2）前室的使用面积不应小于6.0m^2；与防烟楼梯间合用的前室，应符合《建筑设计防火规范》的规定；

（3）除前室的出入口、前室内设置的正压送风口和建筑设计防火规范规定的户门外，前室内不应开设其他门、窗、洞口；

（4）前室或合用前室的门应采用乙级防火门，不应设置卷帘。

4. 消防电梯井、机房与相邻电梯井、机房之间应设置耐火极限不低于2.00h的防火隔墙，隔墙上的门应采用甲级防火门。

5. 消防电梯的井底应设置排水设施，排水井的容量不应小于2m^3，排水泵的排水量不应小于10L/s。消防电梯间前室的门口宜设置挡水设施。

6. 应能每层停靠。

7. 电梯的载重量不应小于800kg。

8. 电梯从首层至顶层的运行时间不宜大于60s。

9. 电梯的动力与控制电缆、电线、控制面板应采取防水措施。

10. 在首层的消防电梯入口处应设置供消防队员专用的操作按钮。

11. 电梯轿厢的内部装修应采用不燃材料。

12. 电梯轿厢内部应设置专用消防对讲电话。

第三节 消防电梯的维保

1. 消防安全重点单位每日检查一次，其他单位每周检查一次紧急按钮外观、轿厢内电话外观、包括消防电梯工作状态。

2. 每月至少检查一次首层按钮控制和联动电梯回首层、电梯轿厢内消防电话、电梯井排水设备。

3. 每年通过报警联动，至少检查一次电梯迫降功能。

第四章 避难设施

建筑避难设施是建筑内采用防火构建分割在火灾情况下供人员短时间内应急避难的区域，主要有避难层、避难间、避难走道等。

第一节 避难层

避难层，是建筑内用于人员暂时躲避火灾及其烟气危害的楼层，同时避难层也可以作为行动有障碍的人员暂时避难等待救援的场所。建筑高度大于100m的民用建筑（包括公共建筑和住宅建筑）应设置避难层。避难层应满足以下要求：

1. 第一个避难层的楼地面至灭火救援场地地面的高度不应大于50m，两个避难层之间的高度不宜大于50m。

2. 通向避难层的疏散楼梯应在避难层分隔、同层错位或上下层断开。

3. 避难层的净面积应能满足设计避难人数避难的要求，并宜按5人/m^2计算。

4. 避难层可兼作设备层。设备管道宜集中布置，其中的易燃、可燃液体或气体管道应集中布置，设备管道区应采用耐火极限不低于3h的防火隔墙与避难区分隔。管道井和设备间应采用耐火极限不低于2h的防火隔墙与避难区分隔，管道井和设备间的门不应直接开向避难区，确需直接开向避难区时，与避难层区出入口的距离不应小于5m，且应采用甲级防火门。

5. 避难间内不应设置易燃、可燃液体或气体管道，不应开设除外窗、疏散门之外的其他开口。

6. 避难层应设置消防电梯出口。

7. 应设置消火栓和消防软管卷盘。

8. 应设置消防专线电话和应急广播。

9. 在避难层进入楼梯间的入口处和疏散楼梯通向避难层的出口处，应设置明显的指示标志。

10. 应设置直接对外的可开启窗口或独立的机械防烟设施，外窗应采用乙级防火窗。

第二节　避难间

避难间是高层建筑中消防避难的房间，高层病房楼应在二层及以上病房楼层和洁净手术部设置避难间。避难间应满足以下要求：

1. 避难间服务的护理单元不应超过 2 个，其净面积应按每个护理单元不小于 $25m^2$ 确定。

2. 避难间兼作其他用途时，应保证人员的避难安全，且不得减少可供避难的净面积。

3. 应靠近楼梯间，并应采用耐火极限不低于 2h 的防火隔墙和甲级防火门与其他部位分隔。

4. 应设置消防专线电话和消防应急广播。

5. 避难间的入口处应设置明显的指示标志。

6. 应设置直接对外的可开启窗口或独立的机械防烟设施，外窗应采用乙级防火窗。

第三节　避难走道

避难走道是设有防烟等设施，用于人员安全通行至室外出口的疏散走道。避难走道主要用于解决大型建筑中疏散距离过长，或难以按照规范要求设置直通室外的安全出口的问题。《建筑设计防火规范》规定总建筑面积大于 $20000m^2$ 的地下或半地下商店，应采用无门、窗、洞口的防火墙、耐火极限不低于 2h 的楼板分隔为多个建筑面积不大于 $20000m^2$ 的区域，相邻区域确需局部连通时应采用下沉式广场等室外开敞空间、防火隔间、避难走道、防烟楼梯间等方式进行连通。避难走道应符合以下要求：

1. 避难走道防火隔墙的耐火极限不应低于 3.0h，楼板的耐火极限不应低于 1.5h。

2. 避难走道直通地面的出口不应少于 2 个，并应设置在不同的方向；当避难走道仅与一个防火分区相通且该防火分区至少有一个直通室外的安全出口时，可设置一个直通地面的出口。任一防火分区通向避难走道的门至该避难走道最近直通地面的出口的距离不应大于60m。

3. 避难走道的净宽度不应小于任一防火分区通向该避难走道的设计疏散总净宽度。

4. 避难走道内部装修材料的燃烧性能应为不燃材料。

5. 防火分区至避难走道入口处应设置防烟前室，前室的使用面积不应小于$6m^2$，开向前室的门应采用甲级防火门，前室开向避难走道的门应采用乙级防火门。

6. 避难走道内应设置消火栓、消防应急照明、应急广播和消防专线电话。

第五章

消防广播、应急照明和安全指示标志

第一节　消防广播

消防广播系统也叫应急广播系统，是火灾逃生疏散和灭火指挥的重要设备，在整个消防控制管理系统中起着极其重要的作用。在火灾发生时，应急广播信号通过音源设备发出，经过功率放大后，由广播切换模块切换到广播指定区域的音箱实现应急广播。一般的广播系统主要由主机端设备［音源设备、广播功率放大器、火灾报警控制器（联动型）等］及现场设备（输出模块、音箱）构成。消防广播系统的管理维保要求：

1. 消防安全重点单位要每日检查一次，其他单位要每周检查一次扬声器外观，扩音机工作状态。
2. 每月至少检查一次通话、广播质量，应急情况下强制切换功能。
3. 每年至少通过报警联动检查一次消防广播切换功能。

第二节　应急照明

应急照明是在正常照明系统因电源发生故障，不再提供正常照明的情况下，供人员疏散、保障安全或继续工作的照明。应急照明不同于普通照明，它包括备用照明、疏散照明、安全照明三种。转换时间根据实际工程及有关规范规定确定。应急照明是现代公共建筑及工业建筑的重要安全设施，它同人身安全和建筑物安全紧密相关。当建筑物发生火灾或其他灾难，电源中断时，应急照明对人员疏散、消防救援工作，对重要的生产、工作的继续运行或必要的操作处置，都有重要的作用。

一、设置场所

1. 除小于 27m 的住宅外，民用建筑、厂房和丙类仓库的下列部位应设置应急照明：

（1）封闭楼梯间、防烟楼梯间及其前室、消防电梯间的前室或合用前室、避难走道、避难层（间）；

（2）观众厅、展览厅、多功能厅和建筑面积大于 $200m^2$ 的营业厅、餐厅、演播室等人员密集的场所；

（3）建筑面积大于 $100m^2$ 的地下或半地下公共活动场所；

（4）公共建筑内的疏散走道。

2. 公共建筑、建筑高度大于 54m 的住宅建筑、高层厂房（仓库）和甲、乙、丙类单、多层厂房，应设置灯光疏散指示标志。

3. 下列建筑或场所应在疏散走道和主要疏散路径的地面上增设能保持视觉连续的灯光疏散指示标志或蓄光疏散指示标志：

（1）总建筑面积大于 $8000m^2$ 的展览建筑；

（2）总建筑面积大于 $5000m^2$ 的地上商店；

（3）总建筑面积大于 $500m^2$ 的地下或半地下商店；

（4）歌舞娱乐放映游艺场所；

（5）座位数超过 1500 个的电影院、剧场，座位数超过 3000 个的体育馆、会堂或礼堂；

（6）车站、码头建筑和民用机场航站楼中建筑面积大于 $3000m^2$ 的候车、候船厅和航站楼的公共区域。

二、设置要求

1. 建筑内疏散照明的地面最低水平照度应符合下列规定：

（1）对于疏散走道，不应低于 1. 0Lx；

（2）对于人员密集场所、避难层（间），不应低于 3. 0Lx；对于病房楼或手术部的避难间，不应低于 10. 0Lx；

（3）对于楼梯间、前室或合用前室、避难走道，不应低于 5. 0Lx。

消防控制室、消防水泵房、自备发电机房、配电室、防排烟机房以及发生火灾时仍需正常工作的消防设备房应设置备用照明，其作业面的最低照度不应低于正常照明的照度。

2. 应急照明应符合下列规定：

（1）应设置在安全出口和人员密集的场所的疏散门的正上方；

（2）应设置在疏散走道及其转角处距地面高度1.0m以下的墙面或地面上；

（3）灯光疏散指示标志的间距不应大于20m；对于袋形走道，不应大于10m；在走道转角区，不应大于1.0m。

三、应急照明的维保

1. 消防安全重点单位每日检查一次，其他单位每周检查一次应急灯外观、应急灯工作状态、疏散指示标志外观、疏散指示标志工作状态。

2. 每月至少检查一次电源切换和充电功能、标识正确性。

3. 每年至少通过报警联动检查一次应急照明功能。

第三节　灯光疏散指示标志

疏散指示标志，对人员安全疏散具有重要作用。国内外实际应用表明，疏散指示标志，可以更有效地帮助人们在浓烟弥漫的情况下，及时识别疏散位置和方向，迅速沿发光疏散指示标志顺利疏散，避免造成伤亡事故。

一、设置场所

公共建筑、建筑高度大于54m的住宅建筑、高层厂房（库房）和甲、乙、丙类单、多层厂房应设置灯光疏散指示标志。

二、设置要求

1. “安全出口”灯光疏散指示标志应设置在安全出口和人员密集的场所的疏散门的正上方。

2. 带箭头指向型灯光疏散指示标志应设置在疏散走道及其转角处距地面高度1.0m以下的墙面或地面上。灯光疏散指示标志的间距不应大于20m；对于袋形走道，不应大于10m；在走道转角区，不应大于1.0m。

3. 总建筑面积大于5000m^2的地上商店、总建筑面积大于500m^2的地下或半地下商店，应在疏散走道和主要疏散路径的地面上增设能保持视觉连续的灯光疏散指示标志或蓄光疏散指示标志。

4. 灯光疏散指示标志可采用蓄电池作备用电源，其连续供电时间不应少于0.5h（设置在高度超过100m的高层民用建筑和地下人防工程内，不应少于1.5h）。工作电源断电后，应能自动接合备用电源。

5. 疏散指示标志的方向指示标志图形应指向最近的疏散出口或安全出口。

三、灯光疏散指示标志的维保

1. 消防安全重点单位每日检查一次，其他单位每周检查一次应急灯外观、应急灯工作状态、疏散指示标志外观、疏散指示标志工作状态。

2. 每月至少检查一次电源切换和充电功能，标识正确性。

3. 每年至少通过报警联动检查一次应急照明功能。

4. 消防安全标志、疏散指示标志应齐全完好有效，发现损坏应及时修复。

第六章

防排烟系统（设施）

防排烟系统是防烟系统和排烟系统的总称。防烟系统采用机械加压送风方式或自然通风方式，防止烟气进入疏散通道的系统；排烟系统采用机械排烟方式或自然通风方式，将烟气排至建筑物外的系统。

第一节　防烟设施

防烟设施包括自然通风方式和机械加压送风方式。对于建筑高度小于等于50m的公共建筑、工业建筑和高度小于100m的住宅建筑，由于受外界风压作用影响较小，其防烟楼梯的楼梯间、独立前室、合用前室及消防电梯前室宜采用自然通风方式的防烟系统。在不具备自然通风条件时，机械加压送风系统是确保火灾中古建筑疏散楼梯间及前室安全的主要措施。

下列场所应设置防烟设施：

1. 防烟楼梯间及其前室。

2. 消防电梯间前室或合用前室。

3. 避难走道的前室、避难层（间）。

4. 建筑高度不大于50m的公共建筑、厂房、仓库和建筑高度不大于100m的住宅建筑，当其防烟楼梯间的前室或合用前室符合下列条件之一时，楼梯间可不设置防烟系统：

（1）前室或合用前室采用敞开的阳台、凹廊；

（2）前室或合用前室具有不同朝向的可开启外窗，且可开启外窗的面积满足自然排烟口的面积要求。

一、自然通风防烟设施

自然排烟的开窗面积要求：

1. 前室开窗面积：防烟楼梯间前室、消防电梯间前室可开启外窗面积不应小于 $2m^2$，合用前室不应小于 $3m^2$。

2. 楼梯间开窗面积：封闭楼梯间和防烟楼梯间，应在最高部位设置面积不小于 $1m^2$ 的可开启外窗或开口；当建筑高度大于 10m 时，尚应在楼梯间外墙上每 5 层内设置总面积不小于 $2m^2$ 的可开启外窗或开口，且宜每隔 2 至 3 层布置一次。

3. 内走道开窗面积：长度不超过 60m 的内走道可开启外窗面积不应小于走道面积的 2%。

4. 房间开窗面积：需要排烟的房间可开启外窗面积不应小于该房间面积的 2%。

5. 中庭开窗面积：净空高度小于 12m 的中庭可开启的天窗或高侧窗的面积不应小于该中庭地面积的 5%。

6. 避难层的通风面积：采用自然通风的避难层（间）应设有不同朝向的可开启外窗，其有效面积不应小于该避难层（间）地面面积的 2%，且每个朝向的有效面积不小于 $2m^2$，避难层外窗应采用乙级防火窗。

二、机械加压送风系统

机械加压送风系统由送排风管道、管井、防火阀、门开关设备、送风机、送风口等设备组成。

1. 送风口应满足以下要求：

（1）剪刀楼梯间可合用一个风道，其风量应按两个楼梯间风量计算，送风口应分别设置；

（2）楼梯间宜每隔 2 至 3 层设一个加压送风口，井道的剪刀楼梯的两个梯段应分别每隔一层设置一个常开式百叶送风口；

（3）前室应每层设置一个常闭式加压送风口，并应设置手动开启装置；

（4）送风口风速不宜大于 7m/s；

（5）送风口不宜设置在被门挡住的位置。

2. 送风机应满足以下要求：机械加压送风机可采用轴流风机或中、低压离心风机，风机位置应根据供电条件、风量分配均衡，以及新风入口不受火、烟威胁等因素确定。

排烟风机与送风机平面设置位置要求如下：

（1）送风机的进风口宜直通室外；

（2）送风机的进风口宜设在机械加压送风系统的下部，且应采取防止烟气侵袭的措施；

（3）送风机的进风口不应与排烟风机的出风口设在同一层面。当必须设在同一层面时，送风机的进风口与排烟风机的出风口应分开布置。竖向布置时，送风机的进风口应设置在排烟机出风口的下方，其两者边缘最小垂直距离不应小于3m；水平布置时，两者边缘最小水平距离不应小于10m。

第二节　排烟设施

排烟设施分为自然排烟方式和机械排烟方式。在不具备自然排烟条件时，机械排烟系统能将火灾中建筑房间、走道内的烟气和热量排出建筑，为人员安全疏散和开展灭火救援创造有利条件。需要注意的是，在同一个防烟分区内不应同时采用自然排烟方式和机械排烟方式，因为这两种方式相互之间对气流会造成干扰，影响排烟效果。

一、设置一般要求

1. 设置机械排烟的地下室，应同时设置送风系统，且送风量不宜小于排烟量的50%。

2. 走道的机械排烟系统宜竖向设置，房间的机械排烟系统宜按防烟分区设置。

3. 机械排烟系统与通风、空气调节系统宜分开设置；若合用时，必须采取可靠的防火安全措施，并应符合排烟系统要求。

4. 机械排烟系统横向应按每个防火分区独立设置。

5. 建筑高度超过50m的公共建筑和建筑高度超过100m的住宅建筑排烟系统应竖向分段独立设置；且每段高度，公共建筑不宜超过50m，住宅不宜超过100m。

二、设置场所

1. 厂房或仓库的下列场所或部位应设置排烟设施：

（1）人员或可燃物较多的丙类生产场所，丙类厂房内建筑面积大于300m^{2}且经常有人停留或可燃物较多的地上房间；

（2）建筑面积大于5000m^{2}的丁类生产车间；

（3）占地面积大于1000m^{2}的丙类仓库；

（4）高度大于32m的高层厂房（仓库）内长度大于20m的疏散走道，其他厂房（仓库）内长度大于40m的疏散走道。

2. 民用建筑的下列场所或部位应设置排烟设施：

（1）中庭；

（2）公共建筑内建筑面积大于100m²且经常有人停留的地上房间；

（3）公共建筑内建筑面积大于300m²且可燃物较多的地上房间；

（4）建筑内长度大于20m的疏散走道；

（5）设置在一、二、三层且房间建筑面积大于100m²的歌舞娱乐放映游艺场所，设置在四层及以上楼层、地下或半地下的歌舞娱乐放映游艺场所。

3. 地下或半地下建筑（室）、地上建筑内的无窗房间，当总建筑面积大于200m²或一个房间建筑面积大于50m²，且经常有人停留或可燃物较多时，应设置排烟设施。

4. 人防工程中的以下位置应设置机械排烟设施：

（1）建筑面积大于50m²，且经常有人停留或可燃物较多的房间和大厅；

（2）丙、丁类生产车间；

（3）总长度大于20m的疏散走道；

（4）电影放映间和舞台等。

第三节　机械排烟系统构件

机械排烟系统是采取排烟风机进行机械排风，由排烟风机、排烟管道、排烟口、排烟防火阀、挡烟垂壁等组成。

一、排烟口

1. 排烟阀（口）的设置应符合下列要求：

（1）排烟口应设在防烟分区所形成的储烟仓内，当用隔墙或挡烟垂壁划分防烟分区时，每个防烟分区应分别设置排烟口，排烟口的设施应经计算确定，且防烟分区内任一点与最近的排烟口的水平距离不应大于30m；

（2）走道、室内空间净高不大于3m的场所内排烟口应设置在其净空高度1/2以上，当设置在侧墙时，其最近的边缘与吊顶的距离不应大于0.5m。

2. 发生火灾时，由火灾自动报警系统联动开启排烟阀（口），应在现场设置手动开启装置。

3. 排烟口应设在顶棚上或靠近顶棚的墙面上，且与附近安全出口沿走道方向相邻边缘之间的最小水平距离不应小于1.50m。

4. 每个排烟口的排烟量不应大于最大允许排烟量。

5. 当排烟阀（口）设置在吊顶内，并通过吊顶上部空间进行排烟时，应符合下列规定：

（1）封闭式吊顶的吊平顶上设置的烟气流入口的颈部烟气速度不宜大于1.5m/s，且吊顶应采用不燃材料；

（2）非封闭式吊顶的吊顶开孔率不应小于吊顶净面积的25%，且应均匀布置。

6. 单独设置的排烟口平时处于关闭状态，其控制方式可采用自动或手动开启方式。手动开启装置的位置应便于操作。当排风口与排烟口合并设置时，应在排风口或排风口所在支管处设置自动阀门，该阀门必须具有防火功能，且应与火灾自动报警系统联动，发生火灾时，着火防烟分区内的阀门应处于开启状态，其他防烟分区内的阀门应全部关闭。

7. 防烟分区内的排烟口距最远点的水平距离不应超过30m。在排烟支管上应设有当烟气温度超过280℃时能自行关闭的排烟防火阀。

8. 机械排烟系统中，当任一排烟口或排烟阀开启时，排烟风机应能自行启动。

二、排烟风机

1. 排烟风机可采用离心式或轴流排烟风机（满足280℃时连续工作30min的要求），排烟风机入口处应设置280℃能自动关闭的排烟防火阀，该阀应与排烟风机联锁，当该阀关闭时，排烟风机应能停止运转。

2. 排烟风机宜设置在排烟系统的顶部，烟气出口宜朝上，并在高于加压送风机和补风机的进风口，两者垂直距离或水平距离应符合：竖向布置时，送风机的进风口应设置在排烟机出风口的下方，其两者边缘最小垂直距离不应小于6m；水平布置时，两者边缘最小水平距离不应小于20m。

3. 排烟风机应设置在专用机房内，该房间应采用耐火极限不低于2.0h的隔墙和耐火极限不低于1.5h的楼板及甲级防火门与其他部位隔开。风机两侧应有600mm以上的空间。当必须与其他风机合用机房时，应符合以下条件：

（1）机房内应设有自动喷水灭火系统；

（2）机房内不得设有用于机械加压送风的风机与管道。

4. 排烟风机与排烟管道的连接部件，应能在280℃连续工作不少于30min，保证其结构完整性。

5. 机械排烟系统与火灾自动报警系统进行联动控制，使发生火灾时能自动或手动投入消防状态，开启排烟区域的排烟口和排烟风机，并在15s内自动关闭与排烟无关的通风、空调系统。

三、排烟管道

1. 排烟管道必须采用不燃材料制作，且不应采用土建风道。当采用金属风道时，管道风速不应大于 20m/s；当采用非金属材料风道时，不应大于 15m/s。排烟管道的厚度应按《通风与空调工程施工质量验收规范》（GB 50243—2016）的有关规定执行。

2. 当吊顶内有可燃物时，吊顶内的排烟管道应采用不燃烧材料进行隔热，并应与可燃物保持小于 150mm 的距离。

3. 排烟管道井应采用耐火极限不低于 1.0h 的隔墙与相邻区域分隔；当墙上必须设置检修门时，应采用乙级防火门；排烟管道的耐火极限不应低于 0.5h，当水平穿越两个以上防火分区或排烟管道在走道的吊顶内时，其管道的耐火极限不应低于 1.5h。

4. 当排烟管道竖向穿越防火分区时，垂直风道应设置在管井内，且排烟井道必须要有 1.0h 的耐火极限。设置在走道部位吊顶内的排烟管道，以及穿越防火分区的排烟管道，其管道的耐火极限不应低于 1.0h。

四、挡烟垂壁

挡烟垂壁是为了阻止烟气沿水平方向流动而垂直向下吊装在顶棚上的挡烟构件，其有效高度不小于 500mm。挡烟垂壁可采用固定式或活动式，当建筑物净空较高时可采用固定式，将挡烟垂壁长期固定在顶棚上；当建筑物净空较低时，宜采用活动式。挡烟垂壁应使用不燃烧材料制作，如铜板、防火玻璃、无机纤维织物、不燃无机复合板等。活动式的挡烟垂壁应由感烟探测器控制，或与排烟口联动，或受消防控制中心控制，但同时应能就地手动控制。

第四节 防烟排烟设施的管理和维保

1. 消防安全重点单位每日检查一次，其他单位每周检查一次挡烟垂壁外观、送风阀外观、送风机工作状态、排烟阀外观、电动排烟窗外观、自然排烟窗外观、排烟机工作状态、送风、排烟机房环境。

2. 每月要至少检查一次机械加压送风机以及系统功能、送风机控制柜、机械排烟风机、排烟阀以及系统功能、排烟风机控制柜、电动排烟窗启闭。

3. 每年至少通过报警联动检查一次正压送风或者机械排烟系统功能，并测试风速、风压值。

4. 送（排）风机电控开关应置于自动状态。

5. 自动、手动启动加压送风系统，相关送风口开启，送风机启动，送风正常，反馈信号正确；自动、手动启动排烟系统，相关排烟口开启，排烟风机启动，排风正常，反馈信号正确。

6. 排烟口现场手动开启及联动启动正常（可用风速仪或纸片测试）。

7. 防排烟机房应急照明正常，并保证连续供电和正常照度。

第三篇 建筑消防设施的设置与管理

建筑消防设施指建（构）筑物内设置的火灾自动报警系统、自动喷水灭火系统、消火栓系统等用于防范和扑救建（构）筑物火灾的设备设施的总称。常用的有火灾自动报警系统、自动喷水灭火系统、消火栓系统、气体灭火系统、泡沫灭火系统、干粉灭火系统、防烟排烟系统、安全疏散系统等。建筑消防设施是保证建筑物消防安全和人员疏散安全的重要设施，是现代建筑的重要组成部分，对保护建筑起到了重要的作用，有效地保护了公民的生命安全和国家财产的安全。

第一章

消防供水设施

消防供水设施是自动喷水灭火系统、消火栓系统、泡沫灭火系统等灭火系统的重要组成部分，用以提供灭火系统扑救火灾所需用水，其组成主要包括消防水源、消防水泵等。

第一节　消防水源

消防水源主要有消防水池、高位消防水箱、天然水源等。

一、消防水池

消防水池是人工建造的供固定或移动消防水泵吸水的储水设施。

1. 以下情况应当设置消防水池：

（1）当生产、生活用水量达到最大时，市政给水管网或入户引入管不能满足室内、室外消防给水设计流量；

（2）当采用一路消防供水或只有一条入户引入管，且室外消火栓设计流量大于 20L/s 或建筑高度大于 50m；

（3）市政消防给水设计流量小于建筑室内外消防给水设计流量。

2. 消防水池的容积应当符合以下要求：

（1）当消防水池采用两路消防供水且在火灾情况下连续补水能满足消防要求时，消防水池的有效容积应根据计算确定，但不应小于 $100m^3$。当仅设有消火栓系统时不应小于 $50m^3$；

（2）消防水池的总蓄水有效容积大于 $500m^3$ 时，宜设两格能独立使用的消防水池；当大于1000m³时，应设置能独立使用的两座消防水池；每格（或座）消防水池应设置独立的出水管，并应设置满足最低有效水位的连通管，且其管径应能满足消防给水设计流量的要求。

3. 消防用水与其他用水共用的水池，应采取确保消防用水量不作他用的技术措施。

二、天然水源

（一）井水

1. 井水等地下水源可作为消防水源。

2. 井水作为消防水源向消防给水系统直接供水时，其最不利水位应满足水泵吸水要求，其最小出流量和水泵扬程应满足消防要求，且当需要两路消防供水时，水井不应少于两眼，每眼井的深井泵的供电均应采用一级供电负荷。

3. 当井水作为消防水源时，应设置探测水井水位的水位测试装置。

（二）其他天然水源

1. 当室外消防水源采用天然水源时，应采取防止冰凌、漂浮物、悬浮物等物质堵塞消防水泵的技术措施，并应采取确保安全取水的措施。

2. 当地表水作为室外消防水源时，应采取确保消防车、固定和移动消防水泵在枯水位取水的技术措施；当消防车取水时，最大吸水高度不应超过6m。

3. 设有消防车取水口的天然水源，应设置消防车到达取水口的消防车道和消防车回车场或回车道。

三、高位消防水箱

高位消防水箱指符合规范要求的静压满足最不利点消火栓水压的水箱。利用重力自流供水，设置在建筑的最高处，静压不能满足最不利点消火栓水压时，应设增压稳压设施。

（一）高位消防水箱的设置范围

1. 采用临时高压消防给水系统的建筑物应设置高位消防水箱。系统平时仅能满足消防水压而不能保证消防用水量，发生火灾时，通过启动消防水泵提供灭火用水量。

2. 设置高压消防给水系统并能保证最不利点消火栓和自动喷水灭火系统等的水量和水压的建筑物，或设置干式消防竖管的建筑物，可不设置消防水箱。

3. 采用临时高压消防给水系统的高层民用建筑、总建筑面积大于10000m²且层数超过2层的公共建筑和其他重要建筑，必须设置高位消防水箱。

（二）高位消防水箱的容积

临时高压消防给水系统的高位消防水箱的有效容积应满足初期火灾消防用水量的要求，并应符合下列规定：

1. 一类高层公共建筑，不应小于 $36m^3$，但当建筑高度大于 100m 时，不应小于 $50m^3$，当建筑高度大于 150m 时，不应小于 $100m^3$。

2. 多层公共建筑、二类高层公共建筑和一类高层住宅，不应小于 $18m^3$，当一类高层住宅建筑高度超过 100m 时，不应小于 $36m^3$。

3. 二类高层住宅，不应小于 $12m^3$。

4. 建筑高度大于 21m 的多层住宅，不应小于 $6m^3$。

5. 工业建筑室内消防给水设计流量当小于或等于 25L/s 时，不应小于 $12m^3$，大于 25L/s 时，不应小于 $18m^3$。

6. 总建筑面积大于 $10000m^2$ 且小于 $30000m^2$ 的商店建筑，不应小于 $36m^3$，总建筑面积大于 $30000m^2$ 的商店，不应小于 $50m^3$，当与本条第 1 款规定不一致时应取其较大值。

第二节　消防水泵设置

一、消防水泵房

（一）消防水泵房的设置

1. 消防水泵房的主要通道宽度不应小于 1.2m。
2. 消防水泵的重量大于 3t 时，应设置电动起重设备。
3. 消防水泵房应至少有一个可以搬运最大设备的门。
4. 消防水泵房应设置排水设施。
5. 当采用柴油机消防水泵时宜设置独立消防水泵房，并应设置满足柴油机运行的通风、排烟和阻火设施。
6. 消防水泵房应采取防水淹没的技术措施。
7. 应设置消防电话、应急照明。

（二）消防水泵房管理

1. 消防水泵房的门应保持完好，且应为甲级防火门。
2. 消防水泵房内消防设备名称及启闭状态表示应明确。
3. 消防水泵配电柜上控制消火栓泵、喷淋泵、稳压（增压）泵的开关应设置在自动（接通）位置。
4. 消防水泵启停应正常（联动启动、消防控制室远程启动、泵房间手动启动）。

5. 消防水泵主备电源及主备泵切换应正常。

6. 消防水泵房内应急照明、专用电话使用应正常。

二、消防水泵

消防水泵包括消防泵（包括喷淋泵、消火栓泵）、稳压泵等，是消防给水设施的心脏。

（一）消防泵

消防泵的流量应根据建筑设计消防用水流量确定，并应设置备用泵，其性能应与工作泵性能一致且能够实现自动切换。下列建筑可不设置备用泵：

1. 建筑高度小于 54m 的住宅和室外消防给水设计流量小于等于 25L/s 的建筑。

2. 室内消防给水设计流量小于等于 10L/s 的建筑。

（二）消防水泵控制柜

消防泵控制柜是控制消防水泵启停的装置，需具有自动、手动和远距离启泵三种启泵方式。消防给水系统设置备用消防水泵时，控制柜应具有主用泵故障时，备用泵自动投入功能。其管理要点为：

1. 消防水泵控制柜在平时应使消防水泵处于自动启泵状态。

2. 当自动水灭火系统为开式系统，且设置自动启动确有困难时，经论证后消防水泵可设置在手动启动状态，并应确保 24h 有人工值班。

3. 消防水泵控制柜应设置机械应急启泵功能，并应保证在控制柜内的控制线路发生故障时由有管理权限的人员在紧急时启动消防水泵。机械应急启动时，应确保消防水泵在报警后 5.0min 内正常工作。

4. 消防水泵控制柜前面板的明显部位应设置紧急时打开柜门的装置。

5. 消防水泵控制柜应采取防止被水淹没的措施。在高温潮湿环境下，消防水泵控制柜内应设置自动防潮除湿的装置。

（三）稳压泵

稳压泵的设置要求：

1. 设置稳压泵的临时高压消防给水系统应设置防止稳压泵频繁启停的技术措施，当采用气压水罐时，其调节容积应根据稳压泵启泵次数不大于 15 次/h 计算确定，但有效储水容积不宜小于 150L。

2. 稳压泵应设置备用泵。

3. 稳压泵的设计流量应符合下列规定：

（1）稳压泵的设计流量不应小于消防给水系统管网的正常泄漏量和系统自

动启动流量；

（2）消防给水系统管网的正常泄漏量应根据管道材质、接口形式等确定，当没有管网泄漏量数据时，稳压泵的设计流量宜按消防给水设计流量的1%～3%计，且不宜小于1L/s；

（3）消防给水系统所采用报警阀压力开关等自动启动流量应根据产品确定。

4. 稳压泵的设计压力应符合下列要求：

（1）稳压泵的设计压力应满足系统自动启动和管网充满水的要求；

（2）稳压泵的设计压力应保持系统自动启泵压力设置点处的压力在准工作状态时大于系统设置自动启泵压力值，且增加值宜为0.07MPa～0.10MPa；

（3）稳压泵的设计压力应保持系统最不利点处水灭火设施在准工作状态时的静水压力应大于0.15MPa。

第三节　消防供水设施的维保

1. 消防安全重点单位每日检查一次，其他单位每周检查一次消防水池外观，消防水箱外观，消防水泵及控制柜工作状态，稳压泵、增压泵、气压水罐工作状态，水泵结合器外观、标识，管网控制阀门启闭状态，泵房工作环境。

2. 每月至少检查一次消防水池、水箱水量，增压设施压力工况，消防水泵及水泵控制柜的启泵和主备泵切换功能，管道阀门启闭功能。

第二章

室外消火栓系统

室外消火栓是设置在建筑物外面消防给水管网上的供水设施，主要供消防车从市政给水管网或室外消防给水管网取水实施灭火，也可以直接连接水带、水枪出水灭火，是扑救火灾的重要消防设施之一。

第一节　设置场所

以下场所需要设置室外消火栓系统：

1. 在城市、居住区、工厂、仓库等的规划和建筑设计中，必须同时设计消防给水系统；城镇（包括居住区、商业区、开发区、工业区等）应沿可同行消防车的街道设置市政消火栓系统。

2. 民用建筑、厂房（仓库）、储罐（区）、堆场周围应设室外消火栓。

3. 用于消防救援和消防车停靠的屋面上，应设置室外消火栓系统。

4. 耐火等级不低于二级且建筑体积不大于 3000m^3 的戊类厂房，居住区人数不超过 500 人且建筑层数不超过 2 层的居住区，可不设置室外消火栓系统。

第二节　一般要求

一、选型要求

1. 室外消火栓宜采用地上式室外消火栓；在严寒、寒冷等冬季结冰地区宜采用干式地上式室外消火栓，严寒地区宜增设消防水鹤。室外地上式消火栓应有一个直径为150mm或100mm和两个直径为65mm的栓口。

2. 当采用地下式室外消火栓，地下消火栓井的直径不宜小于1.5m，且当地下式室外消火栓的取水口在冰冻线以上时，应采取保温措施。室外地下式消火栓应有直径为100mm和65mm的栓口各一个。地下式室外消火栓应有明显的永久性标志。

二、数量要求

建筑室外消火栓的数量应根据室外消火栓设计流量和保护半径经计算确定，保护半径不应大于150m，每个室外消火栓的出流量宜按10L/s～15L/s计算。

三、压力要求

室外消火栓平时运行工作压力不应小于0.14MPa，火灾时水力最不利室外消火栓的出流量不应小于15L/s，且供水压力从地面算起不应小于0.10MPa。

四、设置位置要求

1. 室外消火栓应布置在消防车易于接近的人行道和绿地等地点，且不应妨碍交通，并应符合下列规定：

（1）室外消火栓距路边不宜小于0.5m，并不应大于2.0m；

（2）室外消火栓距建筑外墙或外墙边缘不宜小于5.0m；

（3）室外消火栓应避免设置在机械易撞击的地点，确有困难时，应采取防撞措施。

2. 室外消火栓宜沿建筑周围均匀布置，且不宜集中布置在建筑一侧；建筑消防扑救面一侧的室外消火栓数量不宜少于2个。

3. 人防工程、地下工程等建筑应在出入口附近设置室外消火栓，且距出入口的距离不宜小于5m，并不宜大于40m。

4. 停车场的室外消火栓宜沿停车场周边设置，且与最近一排汽车的距离不宜小于7m，距加油站或油库不宜小于15m。

5. 室外消防给水引入管当设有倒流防止器，且火灾时因其水头损失导致室外消火栓不能满足《建筑设计防火规范》第7.2.8条有关要求时，应在该倒流防止器前设置一个室外消火栓。

五、管理要求

1. 用专用扳手转动消火栓启动杆，检查其灵活性，必要时加注润滑油。

2. 检查出水口闷盖是否密封，有无缺损。

3. 检查栓体外表油漆有无剥落，有无锈蚀，如有应及时修补。

4. 有无遮挡消火栓影响正常使用的情况。

5. 出水检查管网供水情况是否正常。

6. 消防安全重点单位每日检查一次，其他单位每周检查一次室外消火栓外观、消防炮外观、启泵按钮外观。

7. 每月至少检查一次室外消火栓消防水炮出水及压力、消火栓启泵按钮、系统功能。检查数量不少于总数量的25%。

8. 每年至少检查一次消防给水系统最不利点消火栓（消防炮）出水，分别用消防水箱和消防水泵供水。每12个月累计对每个消火栓检查不少于一次。

第三章

室内消火栓系统

室内消火栓是室内管网向火场供水的、带有阀门的接口，为工厂、仓库、高层建筑、公共建筑及船舶等室内固定消防设施，通常安装在消火栓箱内，与消防水带和水枪等器材配套使用。

第一节　设置场所

一、以下场所需要设置室内消火栓系统

1. 建筑占地面积大于 $300m^2$ 的厂房（仓库）。

2. 体积大于 $5000m^3$ 的车站、码头、机场的候车（船、机）楼以及展览建筑、商店建筑、旅馆建筑、医疗建筑和图书馆建筑等单、多层建筑。

3. 特等、甲等剧场，超过 800 个座位的其他等级的剧场和电影院等，超过 1200 个座位的礼堂、体育馆等单、多层建筑。

4. 建筑高度大于 15m 或体积大于 $10000m^3$ 的办公建筑、教学建筑和其他单、多层建筑。

5. 高层公共建筑和建筑高度大于 21m 的住宅建筑。

6. 对于建筑高度不大于 27m 的住宅建筑，当确有困难时，可只设置干式消防竖管和不带消火栓箱的 DN65mm 的室内消火栓。

二、可不设置室内消火栓系统的建筑

1. 存有与水接触能引起燃烧、爆炸的物品的建筑和室内没有生产、生活给

水管道，室外消防用水取自储水池且建筑体积不大于5000m³的其他建筑。

2. 耐火等级为一、二级且可燃物较少的单层、多层丁戊类厂房（仓库），耐火等级为三、四级且建筑体积小于等于3000m³的丁类厂房和建筑体积小于5000m³的戊类厂房（仓库）。

第二节 一般要求

一、位置要求

建筑室内消火栓的设置位置应满足火灾扑救要求，并应符合下列规定：

1. 室内消火栓应设置在楼梯间及其休息平台和前室、走道等明显易于取用，以及便于火灾扑救的位置。

2. 住宅的室内消火栓宜设置在楼梯间及其休息平台。

3. 汽车库内消火栓的设置不应影响汽车的通行和车位的设置，并应确保消火栓的开启。

4. 同一楼梯间及其附近不同层设置的消火栓，其平面位置宜相同。

5. 冷库的室内消火栓应设置在常温穿堂或楼梯间内。

6. 屋顶设有直升机停机坪的建筑，应在停机坪出入口处或非电器设备机房处设置消火栓，且距停机坪机位边缘的距离不应小于5. 0m。

二、数量要求

1. 室内消火栓宜按直线距离计算其布置间距，并应符合下列规定：

（1）消火栓按2支消防水枪的2股充实水柱布置的建筑物，消火栓的布置间距不应大于30. 0m；

（2）消火栓按1支消防水枪的1股充实水柱布置的建筑物，消火栓的布置间距不应大于50. 0m。

2. 室内消火栓的布置应满足同一平面有2支消防水枪的2股充实水柱同时达到任何部位的要求，但建筑高度小于或等于24m且体积小于或等于5000m³的多层仓库、建筑高度小于或等于54m且每单元设置一部疏散楼梯的住宅可采用1支消防水枪的1股充实水柱到达室内任何部位。

3. 消防电梯前室应设置室内消火栓，并应计入消火栓使用数量。

4. 设置室内消火栓的建筑，包括设备层在内的各层均应设置消火栓。

三、压力要求

室内消火栓栓口压力和消防水枪充实水柱，应符合下列规定：

1. 消火栓栓口动压力不应大于 0.50MPa；当大于 0.70MPa 时必须设置减压装置。

2. 高层建筑、厂房、库房和室内净空高度超过 8m 的民用建筑等场所，消火栓栓口动压不应小于 0.35MPa，且消防水枪充实水柱应按 13m 计算；其他场所，消火栓栓口动压不应小于 0.25MPa，且消防水枪充实水柱应按 10m 计算。

3. 建筑室内消火栓栓口的安装高度应便于消防水龙带的连接和使用，其距地面高度宜为 1.1m；其出水方向应便于消防水带的敷设，并宜与设置消火栓的墙面成 90°角或向下。

四、管理要求

1. 消火栓不应被遮挡、圈占、埋压。

2. 消火栓箱应有明显标识。

3. 室内消火栓箱不应上锁，箱内设备应齐全、完好。

4. 消火栓箱内配器材配置齐全，系统应保持正常工作状态。

5. 消防安全重点单位每日检查一次，其他单位每周检查一次室内消火栓外观、消防卷盘外观、启泵按钮外观。

6. 每月至少检查一次室内消火栓出水及压力、消火栓启泵按钮、系统功能。检查数量不少于总数量的 25%。

7. 每年至少检查一次消防给水系统最不利点消火栓出水，分别用消防水箱和消防水泵供水。每 12 个月累计对每个消火栓、卷盘检查不少于一次。

第三节 操作方法

遇有火警时，迅速打开消火栓箱，取出水带、水枪。将水带一端接在消火栓上，另一端与水枪连接，随即把消火栓手轮顺开启方向旋开，即能喷水扑救火灾。对于水枪，水带与消火栓已连接一起的，只要握住水枪，拉出水带，把消火栓手轮顺开启方向旋开，即能喷水扑救火灾。

注意：当消火泵控制柜处于手动状态时应派人到消防泵房手动启动消防泵，在确认火灾现场供电已断开的情况下，才能用水进行扑救。

第四章
自动喷水灭火系统

自动喷水灭火系统是由洒水喷头、报警阀组、水流报警装置（水流指示器或压力开关）等组件，以及管道、供水设施组成，并能在发生火灾时喷水的自动灭火系统。系统的管道内充满有压水，一旦发生火灾，喷头动作后立即喷水。

第一节　设置场所

一、厂房或生产部位（不宜用水保护或灭火的场所除外）

1. 不小于50000纱锭的棉纺厂的开包、清花车间，不小于5000锭的麻纺厂的分级、梳麻车间，火柴厂的烤梗、筛选部位。

2. 占地面积大于1500m^{2}或总建筑面积大于3000m^{2}的单、多层制鞋、制衣、玩具及电子等类似生产的厂房。

3. 占地面积大于1500m^{2}的木器厂房。

4. 泡沫塑料厂的预发、成型、切片、压花部位。

5. 高层乙、丙类厂房。

6. 建筑面积大于500m^{2}的地下或半地下丙类厂房。

二、仓库（不宜用水保护或灭火的仓库除外）

1. 每座占地面积大于1000m^{2}的棉、毛、丝、麻、化纤、毛皮及其制品的仓库（注：单层占地面积不大于 2000m^2 的棉花库房，可不设置自动喷水灭火系统）。

2. 每座占地面积大于 600m^2 的火柴仓库。

3. 邮政建筑内建筑面积大于 500m^2 的空邮袋库。

4. 可燃、难燃物品的高架仓库和高层仓库。

5. 设计温度高于 0℃的高架冷库，设计温度高于 0℃且每个防火分区建筑面积大于 1500m^2 的非高架冷库。

6. 总建筑面积大于 500m^2 的可燃物品地下仓库。

7. 每座占地面积大于 1500m^2 或总建筑面积大于 3000m^2 的其他单层或多层丙类物品仓库。

三、高层民用建筑或场所（不宜用水保护或灭火的场所除外）

1. 一类高层公共建筑（除游泳池、溜冰场外）及其地下、半地下室。

2. 二类高层公共建筑及其地下、半地下室的公共活动用房、走道、办公室和旅馆的客房、可燃物品库房、自动扶梯底部。

3. 高层民用建筑内的歌舞娱乐放映游艺场所。

4. 建筑高度大于 100m 的住宅建筑。

四、单、多层民用建筑或场所（不宜用水保护或灭火的场所除外）

1. 特等、甲等剧场，超过 1500 个座位的其他等级的剧场，超过 2000 个座位的会堂或礼堂，超过 3000 个座位的体育馆，超过 5000 人的体育场的室内人员休息室与器材间等。

2. 任一层建筑面积大于 1500m^2 或总建筑面积大于 3000m^2 的展览、商店、餐饮和旅馆建筑以及医院中同样建筑规模的病房楼、门诊楼和手术部。

3. 设置送回风道（管）的集中空气调节系统且总建筑面积大于 3000m^2 的办公建筑等。

4. 藏书量超过 50 万册的图书馆。

第二节　管理要求

1. 末端试水检查。每个报警阀组控制的最不利点喷头处，应设末端试水装置，其他防火分区、楼层均应设直径为 25mm 的试水阀。末端试水装置和试水阀应有明显标识并便于操作，且应有足够排水能力的排水设施。

2. 系统压力不应低于 0.1MPa。

3. 喷淋泵、稳压泵控制柜处于自动启动状态。

4. 消防水池、高位消防水箱水量满足要求。

5. 洒水喷头不应被遮挡、拆除。

6. 系统应保持正常工作状态。

7. 消防安全重点单位每日检查一次，其他单位每周检查一次喷头外观、报警阀组外观、末端试水装置压力值。

8. 每月至少检查一次自动喷水灭火系统报警阀组放水，末端试水装置放水。其中末端试水装置放水检查数量不少于总数量的25%。

9. 每年至少检查一次自动喷水灭火系统在末端放水，进行系统功能联动试验，水流指示器报警，压力开关、水力警铃动作，对消防设施上的仪器仪表进行校验。每12个月对每个末端放水阀检查不少于一次。

第五章

泡沫灭火系统

泡沫灭火系统是指由一整套设备和程序组成的灭火措施，根据发泡倍数分为低倍数泡沫灭火系统（发泡倍数小于20）、中倍数泡沫灭火系统（发泡倍数在21到200）、高倍数泡沫灭火系统（发泡倍数大于200）三类。

第一节　低倍数泡沫灭火系统

一、泡沫灭火系统的种类

低倍数泡沫灭火系统分为液上喷射系统、液下喷射系统、半液下喷射系统、泡沫炮系统。

二、设置场所

1. 液上喷射系统：适用于各类非水溶性甲、乙、丙类液体储罐和水溶性甲、乙、丙类液体的固定顶或内浮顶储罐。

2. 液下喷射系统：适用于非水溶性液体固定顶储罐。

3. 半液下喷射系统：适用于甲、乙、丙类可燃液体固定顶储罐。

4. 泡沫炮系统适用于：

（1）直径小于18m的非水溶性液体固定顶储罐；

（2）围堰内的甲、乙、丙类液体流淌火灾；

（3）甲、乙、丙类液体汽车槽车栈台或火车槽车栈台；

（4）室外甲、乙、丙类液体流淌火灾；

（5）飞机库。

第二节　中倍数泡沫灭火系统

一、分类

中倍数泡沫灭火系统分为全淹没系统、局部应用系统、移动式系统、油罐用中倍数泡沫灭火系统。

二、设置场所

1. 全淹没系统适用于一般用于小型场所。

2. 局部应用系统：适用于四周不完全封闭的 A 类火灾场所，限定位置的流散 B 类火灾场所，固定位置面积不大于 $100m^2$ 的流淌 B 类火灾场所。

3. 移动式系统：适用于发生火灾的部位难以确定的场所。移动式中倍数泡沫灭火系统用于 B 类火灾场所，需要泡沫产生器喷射泡沫有一定射程，所以其发泡倍数不能太高，通常采用吸气型中倍数泡沫枪，发泡倍数在 50 以下，射程一般为 10～20m。因此，移动式中倍数泡沫灭火系统只能应用于较小火灾场所，或作辅助设施使用。

4. 油罐用中倍数泡沫灭火系统：采用液上喷射形式。选用中倍数泡沫灭火系统的油罐仅限于丙类固定顶与内浮顶油罐，单罐容量小于 $10000m^3$ 的甲、乙类固定顶与内浮顶油罐。

第三节　高倍数泡沫灭火系统

一、分类

高倍数泡沫灭火系统分为全淹没系统、局部应用系统和移动式系统。

二、设置场所

1. 全淹没系统：特别适用于大面积有限空间内的 A 类和 B 类火灾的防护；有些被保护区域可能是不完全封闭空间，但只要被保护对象是用不燃烧体围挡起来，形成可阻止泡沫流失的有限空间即可。围墙或围挡设施的高度应大于该保护区域所需要的高倍数泡沫淹没深度。

2. 局部应用系统：用于四周不完全封闭的 A 类火灾与 B 类火灾场所，也可用于天然气液化站与接收站的集液池或储罐围堰区。

液化天然气液化站与接收站设置高倍数泡沫灭火系统，有两个目的：一是当液化天然气泄漏尚未着火时，用适宜倍数的高倍数泡沫将其盖住，可阻止蒸气云的形成；二是当着火后，覆盖高倍数泡沫控制火灾，降低辐射热，以保护其他相邻设备等。

3. 移动式系统：主要用于发生火灾的部位难以确定或人员难以接近的场所，流淌的 B 类火灾场所，发生火灾时需要排烟、降温或排除有害气体的封闭空间。

第四节　一般要求

1. 泡沫液要按期更换。

2. 在寒冷季节有冰冻的地区，泡沫灭火系统的湿式管道应采取防冻措施。

3. 对于设置在防爆区内的地上或管沟敷设的干式管道，应采取防静电接地措施。钢制甲、乙、丙类液体储罐的防雷接地装置可兼作防静电接地装置。

4. 泡沫灭火系统中所用的控制阀门应有明显的启闭标志。

5. 泡沫液储罐上应有标明泡沫液种类、型号、出厂与灌装日期及储量的标志。不同种类、不同牌号的泡沫液不得混存。

6. 系统主要组件宜按下列规定涂色：

（1）泡沫混合液泵、泡沫液泵、泡沫液储罐、泡沫产生器、泡沫夜管道、泡沫混合液管道、泡沫管道、管道过滤器宜涂红色；

（2）泡沫消防水泵、给水管道宜涂绿色；

（3）当管道较多，泡沫系统管道与工艺管道涂色有矛盾时，可涂相应的色带或色环；

（4）隐蔽工程管道可不涂色。

第五节　泡沫灭火系统的维保

1. 消防安全重点单位每日检查一次，其他单位每周检查一次泡沫喷头外观、泡沫消火栓外观、泡沫炮外观、泡沫产生器外观、泡沫液贮罐间环境、泡沫液贮罐外观、比例混合器外观、泡沫泵工作状态。

2. 每月至少检查一次泡沫液有效期和储存量、泡沫消防栓出水或出泡沫。

3. 每年至少一次泡沫灭火系统结合泡沫灭火剂到期更换进行喷泡沫试验；检验系统功能；校验仪器仪表。

第六章

火灾自动报警系统

火灾自动报警系统是由触发装置、火灾报警装置、联动输出装置以及其他辅助功能装置组成的，它具有能在火灾初期，将燃烧产生的烟雾、热量、火焰等物理量，通过火灾探测器变成电信号，传输到火灾报警控制器，并同时以声或光的形式通知整个楼层疏散，控制器记录火灾发生的部位、时间等，使人们能够及时发现火灾，并及时采取有效措施，扑灭初期火灾，最大限度地减少因火灾造成的生命和财产的损失，是人们同火灾做斗争的有力工具。

第一节　设置场所

下列建筑或场所应设置火灾自动报警系统：

1. 任一层建筑面积大于 1500m^2 或总建筑面积大于 3000m^2 的制鞋、制衣、玩具、电子等类似用途的厂房。

2. 每座占地面积大于 1000m^2 的棉、毛、丝、麻、化纤及其制品的仓库，占地面积大于 500m^2 或总建筑面积大于 1000m^2 的卷烟仓库。

3. 任一层建筑面积大于 1500m^2 或总建筑面积大于 3000m^2 的商店、展览、财贸金融、客运和货运等类似用途的建筑，总建筑面积大于 500m^2 的地下或半地下商店。

4. 图书或文物的珍藏库，每座藏书超过 50 万册的图书馆，重要的档案馆。

5. 地市级及以上广播电视建筑、邮政建筑、电信建筑，城市或区域性电力、交通和防灾等指挥调度建筑。

6. 特等、甲等剧场，座位数超过 1500 个的其他等级的剧场或电影院，座位数超过2000个的会堂或礼堂，座位数超过3000个的体育馆。

7. 大、中型幼儿园的儿童用房等场所，老年人照料设施，任一层建筑面积大于1500m^{2}或总建筑面积大于3000m^{2}的疗养院的病房楼、旅馆建筑和其他儿童活动场所，不少于200床位的医院门诊楼、病房楼和手术部等。

8. 歌舞娱乐放映游艺场所。

9. 净高大于2.6m且可燃物较多的技术夹层，净高大于0.8m且有可燃物的闷顶或吊顶内。

10. 电子信息系统的主机房及其控制室、记录介质库，特殊贵重或火灾危险性大的机器、仪表、仪器设备室、贵重物品库房。

11. 二类高层公共建筑内建筑面积大于50m^{2}的可燃物品库房和建筑面积大于500m^{2}的营业厅。

12. 其他一类高层公共建筑。

13. 设置机械排烟、防烟系统、雨淋或预作用自动喷水灭火系统、固定消防水炮灭火系统等需与火灾自动报警系统联锁动作的场所或部位。

14. 住宅建筑火灾自动报警系统设置要求：

（1）建筑高度大于100m的住宅建筑，应设置火灾自动报警系统；

（2）建筑高度大于54m但不大于100m的住宅建筑，其公共部位应设置火灾自动报警系统，套内宜设置火灾探测器；

（3）建筑高度不大于54m的高层住宅建筑，其公共部位宜设置火灾自动报警系统；当设置需联动控制的消防设施时，公共部位应设置火灾自动报警系统；

（4）高层住宅建筑的公共部位应设置具有语音功能的火灾声警报装置或应急广播。

15. 建筑内可能散发可燃气体、可燃蒸气的场所应设置可燃气体报警装置。

注：老年人照料设施中的老年人用房及其公共走道，均应设置火灾探测器和声警报装置或消防广播。

第二节　常见设置要求

1. 火灾报警控制器和消防联动控制器，应设置在消防控制室内或有人值班的房间和场所。

2. 集中报警系统和控制中心报警系统中的区域火灾报警控制器在满足下列条件时，可设置在无人值班的场所：

（1）本区域内无需要手动控制的消防联动设备；

（2）本火灾报警控制器的所有信息在集中火灾报警控制器上均有显示，且能接收起集中控制功能的火灾报警控制器的联动控制信号，并自动启动相应的消防设备；

（3）设置的场所只有值班人员可以进入。

3. 高度超过100m的建筑中，除消防控制室内设置的控制器外，每台控制器直接控制的火灾探测器、手动报警按钮和模块等设备不应跨越避难层。

4. 水泵控制柜、风机控制柜等消防电气控制装置不应采用变频启动方式。

5. 点型探测器至墙壁、梁边的水平距离，不应小于0.5m。点型探测器周围0.5m内，不应有遮挡物。

6. 每个防火分区应至少设置一个手动火灾报警按钮。从一个防火分区内的任何位置到最邻近的一个手动火灾报警按钮的步行距离不应大于30m。

7. 每个报警区域宜设置一台区域显示器（火灾显示盘）；宾馆、饭店等场所应在每个报警区域设置一台区域显示器。当一个报警区域包括多个楼层时，宜在每个楼层设置一台仅显示本楼层的区域显示器。

8. 每个报警区域内应均匀设置火灾警报器，其声压级不应小于60dB；在环境噪声大于60dB的场所，其声压级应高于背景噪声15dB。

第三节 管理要求

1. 探测器等报警设备不应被遮挡、拆除。

2. 不得擅自关闭系统，维护时应落实安全措施。

3. 应由具备上岗资格的专门人员操作。

4. 定期进行测试和维护。

5. 系统应保持正常工作状态。

6. 消防安全重点单位每日检查一次，其他单位每周检查一次火灾报警探测器外观、区域显示器运行状况、CRT图形显示器运行状况、火灾报警控制器运行状况、消防联动控制器外观和运行状况、手动报警按钮外观、火灾警报装置外观、消防控制室工作环境。

7. 每月至少检查一次警报装置的警报功能，火灾报警探测器、手动报警按钮、火灾报警控制器、CRT图形显示器、火灾显示盘的报警显示功能，消防联动控制设备的联动控制和显示。其中火灾报警探测器和手动报警按钮的报警功能的检查数量不少于总数的25%。

8. 每年至少检查一次火灾自动报警装置每层、每回路报警系统和联动控制设备的功能试验。每12个月对每个探测器、手动报警按钮检查不少于一次。

第七章 消防控制室

消防控制室是设有火灾自动报警控制设备和消防控制设备，用于接收、显示、处理火灾报警信号，控制相关消防设施的专门处所。

第一节　消防控制室的平面布置

1. 单独建造的消防控制室，其耐火等级不应低于二级。

2. 附设在建筑内的消防控制室，宜设置在建筑内首层或地下一层，并宜布置在靠外墙部位。

3. 不应设置在电磁场干扰较强及其他可能影响消防控制设备正常工作的房间附近。

4. 疏散门应直通室外或安全出口。

5. 消防控制室内的设备构成及其对建筑消防设施的控制与显示功能以及向远程监控系统传输相关信息的功能，应符合现行国家标准《火灾自动报警系统设计规范》和《消防控制室通用技术要求》（GB 25506—2010）的规定。

第二节　消防控制室的管理

1. 消防控制室应制定消防控制室日常管理制度、值班员职责、接处警操作规程等工作制度。

2. 实行每日 24 小时专人值班制度，每班不少于 2 人。

3. 消防控制室值班人员应当在岗在位，认真记录控制器日运行情况，每日检查火灾报警控制器的自检、消音、复位功能以及主备电源切换功能。

4. 消防控制室值班人员应当经消防专业考试合格，持证上岗。

5. 保证火灾自动报警系统和灭火系统处于正常的工作状态。

6. 保证高位水箱、消防水池、气压水罐等消防储水设施水量充足，保证消防泵出水管阀门、自动喷水灭火系统管道上的阀门常开，保证消防水泵、防排烟风机、防火卷帘等消防设施的配电柜开关处于自动状态。

7. 接到火灾报警后，消防控制室必须立即以最快的方式确认。

8. 火灾确认后，消防控制室必须立即将火灾报警联动控制开关转入自动状态，并拨打“119”火警电话报警。

9. 火灾确认后，消防控制室必须立即启动单位内部灭火和应急疏散预案，并报告单位负责人。

第三节 消防控制室档案留存

消防控制室应当建立消防安全档案，至少保存有下列纸质台账档案和电子资料：

1. 建（构）筑物竣工后的总平面布局图、消防设施平面布置图和系统图以及安全出口布置图、重点部位位置图等。

2. 消防安全管理规章制度、应急灭火预案、应急疏散预案等。

3. 消防安全组织结构图，包括消防安全责任人、管理人、专职、义务消防人员等内容。

4. 消防安全培训记录、灭火和应急疏散预案的演练记录。

5. 值班情况、消防安全检查情况及巡查情况等记录。

6. 消防设施一览表，包括消防设施的类型、数量、状态等内容。

7. 消防系统控制逻辑关系说明、设备使用说明书、系统操作规程、系统以及设备的维护保养制度和技术规程等。

8. 设备运行状况、接报警记录、火灾处理情况、设备检修检测报告等资料。

第八章 灭火器

灭火器是一种可携式灭火工具。灭火器内放置化学物品，用以救灭火灾。灭火器是常见的防火设施之一，存放在公众场所或可能发生火灾的地方。不同种类的灭火器内装填的成分不一样，是专为不同的火灾起因而设的，使用时必须注意以免产生反效果及引起危险。

第一节 设置场所

1. 高层住宅建筑的公共部位和公共建筑内应设置灭火器，其他住宅建筑的公共部位宜设置灭火器。

2. 厂房、仓库、储罐（区）和堆场，应设置灭火器。

第二节 类型选择

1. A 类火灾场所应选择水型灭火器、磷酸铵盐干粉灭火器、泡沫灭火器或卤代烷灭火器。

2. B 类火灾场所应选择泡沫灭火器、碳酸氢钠干粉灭火器、磷酸铵盐干粉灭火器、二氧化碳灭火器、灭 B 类火灾的水型灭火器或卤代烷灭火器。

极性溶剂的 B 类火灾场所应选择灭 B 类火灾的抗溶性灭火器。

3. C 类火灾场所应选择磷酸铵盐干粉灭火器、碳酸氢钠干粉灭火器、二氧化碳灭火器或卤代烷灭火器。

4. D 类火灾场所应选择扑灭金属火灾的专用灭火器。

5. E类火灾场所应选择磷酸铵盐干粉灭火器、碳酸氢钠干粉灭火器、卤代烷灭火器或二氧化碳灭火器，但不得选用装有金属喇叭喷筒的二氧化碳灭火器。

第三节 设置数量

一、民用建筑灭火器配置场所的危险等级划分

1. 民用建筑灭火器配置场所的危险等级，应根据其使用性质，人员密集程度，用电用火情况，可燃物数量，火灾蔓延速度，扑救难易程度等因素，划分为以下三级：

（1）严重危险级：使用性质重要，人员密集，用电用火多，可燃物多，起火后蔓延迅速，扑救困难，容易造成重大财产损失或人员群死群伤的场所；

（2）中危险级：使用性质较重要，人员较密集，用电用火较多，可燃物较多，起火后蔓延较迅速，扑救较难的场所；

（3）轻危险级：使用性质一般，人员不密集，用电用火较少，可燃物较少，起火后蔓延较缓慢，扑救较易的场所。

2. 民用建筑A类火灾场所的灭火器最大保护距离如表3.8.1所示。

表3.8.1 民用建筑A类火灾场所的灭火器最大保护距离（m）

灭火器型式 危险等级	手提式灭火器	推车式灭火器
严重危险级	15	30
中危险级	20	40
轻危险级	25	50

3. 民用建筑B、C类火灾场所的灭火器最大保护距离如表3.8.2所示。

表3.8.2 民用建筑B、C类火灾场所的灭火器最大保护距离（m）

灭火器型式 危险等级	手提式灭火器	推车式灭火器
严重危险级	9	18
中危险级	12	24
轻危险级	15	30

二、工业建筑灭火器配置场所的危险等级

1. 工业建筑灭火器配置场所的危险等级，应根据其生产、使用、储存物品的火灾危险性，可燃物数量，火灾蔓延速度，扑救难易程度等因素，划分为以下三级：

（1）严重危险级：火灾危险性大，可燃物多，起火后蔓延迅速，扑救困难，容易造成重大财产损失的场所；

（2）中危险级：火灾危险性较大，可燃物较多，起火后蔓延较迅速，扑救较难的场所；

（3）轻危险级：火灾危险性较小，可燃物较少，起火后蔓延较缓慢，扑救较易的场所。

2. 工业建筑A类火灾场所的灭火器最大保护距离如表3.8.3所示。

表3.8.3　工业建筑A类火灾场所的灭火器最大保护距离（m）

危险等级 \ 灭火器型式	手提式灭火器	推车式灭火器
严重危险级	15	30
中危险级	20	40
轻危险级	25	50

3. 工业建筑B、C类火灾场所的灭火器最大保护距离如表3.8.4所示。

表3.8.4　工业建筑B、C类火灾场所的灭火器最大保护距离（m）

危险等级 \ 灭火器型式	手提式灭火器	推车式灭火器
严重危险级	9	18
中危险级	12	24
轻危险级	15	30

第四节　使用方法

一、手提式灭火器使用方法

这类灭火器包括清水灭火器、空气泡沫灭火器、二氧化碳灭火器、卤代烷灭

火器和干粉灭火器。使用这类灭火器灭火时，可手提灭火器的提把或提圈，迅速奔至距燃烧处约5m左右，放下灭火器，拔出保险销，一手握住灭火器的开启压把，另一只手握住喷射软管前端的喷嘴处（二氧化碳灭火器应握住手柄）或灭火器底圈，对准火焰根部，用力压下开启压把并紧压不松开，这时灭火剂即喷出，操作者由近而远左右扫射，直至将火焰全部扑灭。

二、推车式灭火器使用方法

推车式灭火器一般需要两个人配合操作，火灾时，快速将灭火器推至距燃烧处约10m左右。一人迅速展开软管并握紧喷枪对准燃烧物做好喷射准备，另一人开启灭火器，并将手轮开至最大部位。灭火方式也是由近而远，左右扫射，首先对准燃烧最烈处，并根据火情调整位置，确保将火焰彻底扑灭，使其不能复燃。

第五节　管理要求

1. 消防安全重点单位每日检查一次、其他单位每周检查一次灭火器外观和设置位置状况。

2. 每月至少检查一次灭火器型号、压力值和维修期限。检查数量不少于总数量的25%。

3. 每年至少对每只灭火器选型、压力和有效期检查一次。

4. 建立维护、管理档案，记明类型、数量、部位、充装记录和维护管理责任人。

5. 保持铭牌完整清晰，保险销和铅封完好，压力正常（压力表指示处于绿区），并有防雨、防晒、防潮、防强辐射热和防腐蚀等防护措施。

6. 喷嘴没有变形、开裂、损伤等缺陷，压把、阀体等不得有损伤、变形、锈蚀等影响使用的缺陷，否则必须更换。

7. 放置位置不影响疏散且明显、便于取用，摆放稳固，不应被挪作他用、埋压或将灭火器箱锁闭。

8. 符合维修与报废年限要求，如表3.3.5所示。

表3.3.5　灭火器的维修期限和报废年限

灭火器类型		报废年限	维修期限
水基型灭火器	手提式水基型灭火器	6	出厂期满3年； 首次维修以后每满1年
	推车式水基型灭火器		

续表

<table>
<tr><th colspan="2">灭火器类型</th><th>报废年限</th><th>维修期限</th></tr>
<tr><td rowspan="2">干粉灭火器</td><td>手提式干粉灭火器</td><td rowspan="2">10</td><td rowspan="6">出厂期满 5 年；
首次维修以后每满 2 年</td></tr>
<tr><td>推车式干粉灭火器</td></tr>
<tr><td rowspan="2">洁净气体灭火器</td><td>手提式洁净气体灭火器</td><td rowspan="2">10</td></tr>
<tr><td>推车式洁净气体灭火器</td></tr>
<tr><td rowspan="2">二氧化碳灭火器</td><td>手提式二氧化碳灭火器</td><td rowspan="2">12</td></tr>
<tr><td>推车式二氧化碳灭火器</td></tr>
<tr><td>备注</td><td colspan="3">灭火器筒体、器头发生严重损坏时灭火器应作报废处理</td></tr>
</table>

第九章 消防用电

第一节　消防用电负荷

消防用电负荷是指消防用电设备根据供电可靠性及中断供电所造成的损失或影响的程度分为一级负荷、二级负荷和三级负荷。

一、消防用电一级负荷

（一）设置范围

常见设置范围有建筑高度大于50m的乙、丙类生产厂房和丙类物品库房，一类高层民用建筑，一级大型石油化工厂、大型钢铁联合企业、大型物资仓库等。

（二）设置要求

1. 一级负荷应由两个电源供电，当一个电源发生故障时，另一个电源不应同时受到损坏。当不能获得两个电源时，应设置自备应急电源。以下为两个独立电源：

（1）来自两个不同的发电厂；

（2）来自两个独立的35kV以上变配电所；

（3）来自一个独立的35kV变配电所，另一个来自自备应急电源。

2. 一级负荷中特别重要的负荷供电，应符合：

（1）除应由双重电源供电外，尚应增设应急电源，并严禁将其他负荷接入应急供电系统；

（2）设备的供电电源的切换时间，应满足设备允许中断供电的要求。

3. 应急电源应根据允许中断供电的时间选择，应符合：

（1）允许中断供电时间为15s以上的供电，可选用快速自启动的发电机组；

（2）自投装置的动作时间能满足允许中断供电时间的，可选用带有自动投入装置的独立于正常电源之外的专用的馈电线路；

（3）允许中断供电时间为毫秒级的供电，可选用蓄电池静止型不间断供电装置或柴油机不间断供电装置。

二、消防用电二级负荷

1. 二级负荷的供电系统，宜由两回线路供电。

2. 在负荷较小或地区供电条件困难时，二级负荷可由一回路6kV及以上专用的架空线路或电缆供电。

3. 当采用架空线时，可为一回路架空线供电；当采用电缆线路时，应采用两回路电缆组成的线路供电，其每回路电缆应能承受100%的二级负荷。

4. 二级负荷设置范围有：

（1）室外消防用水量大于30L/s的厂房（仓库）；

（2）室外消防用水量大于30L/s的可燃材料堆场、可燃气体储罐（区）和甲、乙类液体储罐（区）；

（3）粮食仓库及粮食筒仓；

（4）二类高层民用建筑；

（5）座位数超过1500个的电影院、剧场，座位数超过3000个的体育馆，任一层建筑面积大于3000m^{2}的商店和展览建筑，省（市）级及以上的广播电视、电信和财贸金融建筑，室外消防用水量大于25L/s的其他公共建筑；

（6）三类隧道的消防用电应按二级负荷要求供电；

（7）建筑面积小于或等于5000m^{2}的人防工程可按二级负荷要求供电。

三、消防用电三级负荷

1. 设置范围：除应按照一级、二级负荷供电之外的建筑物、储罐（区）和堆场等。

2. 三级负荷供电是建筑供电最基本要求，有条件的建筑要尽量通过设置两台终端变压器来保证建筑的消防用电。

3. 三级负荷虽然对供电的可靠性要求不高，只需一路电源供电，但在工程设计时，也要尽量使供电系统简单，配电级数少，易管理维护。

第二节 电气防火

一、电力线路敷设防火

1. 电力电缆不应和输送甲、乙、丙类液体管道、可燃气体管道、热力管道敷设在同一管沟内。

2. 配电线路不得穿越通风管道内腔或直接敷设在通风管道外壁上，穿金属导管保护的配电线路可紧贴通风管道外壁敷设。

3. 配电线路敷设在有可燃物的闷顶、吊顶内时，应采取穿金属导管、采用封闭式金属槽盒等防火保护措施。

二、电气装置防火

1. 开关、插座和照明灯具靠近可燃物时，应采取隔热、散热等防火措施。

2. 卤钨灯和额定功率不小于100W的白炽灯泡的吸顶灯、槽灯、嵌入式灯，其引入线应采用瓷管、矿棉等不燃材料作隔热保护。

3. 额定功率不小于60W的白炽灯、卤钨灯、高压钠灯、金属卤化物灯、荧光高压汞灯（包括电感镇流器）等，不应直接安装在可燃物体上或采取其他防火措施。

三、电气火灾监控系统的设置

下列建筑或场所的非消防用电负荷宜设置电气火灾监控系统：

1. 建筑高度大于50m的乙、丙类厂房和丙类仓库，室外消防用水量大于30L/s的厂房（仓库）。

2. 一类高层民用建筑。

3. 座位数超过1500个的电影院、剧场，座位数超过3000个的体育馆，任一层建筑面积大于3000m^{2}的商店和展览建筑，省（市）级及以上的广播电视、电信和财贸金融建筑，室外消防用水量大于25L/s的其他公共建筑。

4. 国家级文物保护单位的重点砖木或木结构的古建筑。

第四篇

单位日常消防安全管理工作

第一章

消防管理基础工作

规范有序的消防安全管理活动是有效避免火灾事故发生、减少灾害损失的重要措施。日常经营管理中，单位应当强化消防安全管理工作中的人力、物力投入，结合自身实际建立消防安全管理组织，制定单位内部消防安全管理制度并强化督导落实，明确相关人员消防安全责任和义务，同时做好应急处突准备，这是消防安全管理的基础工作。

第一节　建立消防安全组织

消防安全组织是本单位为了实现单位消防安全环境而设立的机构或部门，是单位内部消防管理的组织形式，是负责本单位防火灭火的工作网络。成立消防安全组织的目的是贯彻“预防为主，防消结合”的消防工作方针，制定科学合理的、行之有效的各种消防安全管理制度和措施，落实消防安全自我管理、自我检查、自我整改、自我负责的机制，做好火灾事故和风险的防范，确保本单位消防安全。为确保消防安全管理工作的顺利进行，机关、团体、企业、事业等单位均应当设立消防安全管理组织。建立消防安全组织对于牢固树立单位消防工作的主体意识和责任意识，规范单位消防安全管理具有十分重要的意义。

单位应当成立消防安全领导小组和消防安全管理部门，作为消防安全管理工作的领导机构和具体实施部门，单位其他部门作为消防安全管理组织的成员部门，共同实施消防安全管理活动。

一、消防安全领导小组

消防安全领导小组应由单位主要领导牵头负责，消防安全管理部门和单位其他部门负责人作为成员组成，其主要工作职责有：

1. 认真贯彻执行《中华人民共和国消防法》和国家、行业、地方政府等有关消防管理行政法规、技术规范。

2. 起草下发本单位有关消防文件，制定有关消防规定、制度，组织、策划重大消防活动。

3. 督促、指导消防安全管理部门和其他部门加强消防基础档案材料和消防设施建设，落实逐级防火责任制，推动消防管理科学化、技术化、法制化、规范化。

4. 组织对本单位专（兼）职消防管理人员的业务培训，指导、鼓励本单位职工积极参加消防活动，推动开展消防知识、技能培训。

5. 组织防火检查和重点时期的抽查工作。

6. 组织对重大火灾隐患的认定和整改工作。

7. 负责组织对重点部位消防应急预案的制定、演练、完善工作，依工作实际，统一有关消防工作标准。

8. 支持、配合消防救援部门的日常消防管理监督工作，协助火灾事故的调查、处理以及消防救援部门交办的其他工作。

二、消防安全管理部门

单位应结合自身特点和工作实际需要，设置确定消防安全工作的管理部门，具体负责消防安全各项管理活动的督促落实。消防安全管理部门主要职责有：

1. 依照消防救援部门布置的工作，结合单位实际情况，研究和制订计划并贯彻实施。定期或不定期向单位主管领导和领导小组及消防救援部门汇报工作情况。

2. 负责处理单位消防安全领导小组和主管领导交办的日常工作，发现违反消防规定的行为，及时提出纠正意见，如未采纳，可向单位消防安全领导小组或向当地消防救援部门报告。

3. 推行逐级防火责任制和岗位防火责任制，贯彻执行国家消防法规和单位的各项规章制度。

4. 进行经常性的消防教育，普及消防常识，组织和训练专职（志愿）消防队。

5. 经常深入单位内部进行防火检查，协助各部门搞好火灾隐患整改工作。

6. 负责消防器材分布管理、检查、保管维修及使用。

7. 协助领导和有关部门处理单位系统发生的火灾事故，详细登记每起火灾事故，定期分析单位消防工作形势。

8. 严格用火、用电管理，执行审批动火申请制度，安排专人现场进行监督和指导，跟班作业。

9. 建立健全消防档案。

10. 积极参加消防部门组织的各项安全工作会议，并做好记录，会后向单位消防安全责任人、管理人汇报有关情况。

三、其他部门

单位内部其他部门应按照分工，建立和完善本部门消防管理规章、程序、方法和措施，负责部门内部日常消防安全管理，形成自上而下的一级抓一级、一级对一级负责的消防管理体系。

1. 下级部门对上级部门负责，上级部门要与直属下级部门按照职责签订《消防安全责任书》和《消防安全管理承诺书》。

2. 明确本部门及所有岗位人员的消防工作职责，真正承担起与部门、岗位相适应的消防安全责任，做到分工合理、责任分明，各司其职、各尽其责。

3. 应当配合消防安全管理归口部门、专（兼）职消防人员实施本部门职责范围内的每日防火巡查、每月防火检查等消防安全工作，并在相关的检查记录内签字，及时落实火灾隐患整改措施及防范措施等。

4. 应指定责任心强、工作能力高的人员为本部门的消防安全工作人员，负责保管和检查属于本部门管辖范围内的各种消防设施，发生故障后，及时向本部门消防安全责任人和消防安全归口管理部门汇报，协调解决相关事宜。

5. 负责监督、检查和落实与本部门工作有关的消防安全制度的执行和落实。

6. 积极组织本部门职工参加消防知识教育和灭火应急疏散演练，提高消防安全意识。

7. 在发生火灾或其他突发情况时，按照灭火应急疏散预案所做的规定和分工，履行职责。

第二节　建立消防安全制度

俗话说“无规矩不成方圆”，健全完善的消防安全制度是消防安全管理的基本依据和前提条件，是保障各项管理活动有序开展的基础。单位应当按照国家有关规定，结合本单位的特点，建立健全各项消防安全制度和保障消防安全的操作规程，并公布执行。单位消防安全制度主要包括：

1. 消防安全教育、培训制度。
2. 日常防火巡查、检查制度。
3. 安全疏散设施管理制度。
4. 消防（控制室）值班制度。
5. 消防控制室火警处置程序。
6. 消防设施、器材维护管理制度。
7. 火灾隐患整改制度。
8. 用火安全管理制度。
9. 用电安全管理制度。
10. 易燃易爆危险物品和场所防火防爆制度。
11. 专职和义务消防队的组织管理制度。
12. 灭火和应急疏散预案演练制度。
13. 燃气和电气设备的检查和管理（包括防雷、防静电）制度。
14. 消防安全工作考评和奖惩制度。
15. 其他根据单位实际情况制定的必要的消防安全管理制度。

单位消防安全制度的建立应该根据单位实际情况制定，使之具有可操作性，下面介绍几项主要制度制定要点。

一、单位消防安全教育、培训制度要点

单位应当建立消防安全教育培训制度，对消防安全责任人，消防安全管理人，消防控制室的值班、操作人员，易燃易爆危险物品的生产、使用、储存、经营等特种岗位人员及其他员工进行消防安全教育培训。消防安全教育、培训制度的主要内容是确定消防安全教育及培训的责任部门和责任人；确定消防安全教育的对象（包括特殊工种及新员工）；确定培训形式、培训内容、培训要求及培训组织程序；确定消防安全教育的频次、考核办法和情况记录。

二、单位防火巡查、检查制度要点

单位应当组织开展防火巡查和防火检查，防火巡查、检查制度的主要内容是：确定防火检查及巡查的责任部门和责任人；确定防火检查的时间、频次和方法；确定防火检查和防火巡查的内容；确定检查部位、内容和方法；确定处理火灾隐患和报告程序、防范措施及防火检查记录管理。

三、单位安全疏散设施管理制度要点

单位安全疏散设施管理制度的主要内容是：确定消防安全疏散设施管理责任部门、责任人和日常管理方法；确定隐患整改程序及惩戒措施；确定安全疏散部位、设施检测、管理要求及情况记录。

四、单位消防控制室值班制度要点

设有消防控制室的单位应当建立消防控制室值班制度，主要内容是：确定消防控制室管理责任部门、责任人以及操作人员的职责；确定值班操作人员岗位资格、消防控制设备操作规程、值班制度、突发事件处置程序、报告程序、工作交接。

五、单位消防设施、器材维护管理制度要点

单位消防设施、器材维护管理制度的主要内容是：确定消防设施器材维护保养的责任部门、责任人和管理方法；制定消防设施维护保养和维修检查的要求；制定每日检查、月（季）度试验检查和年度检查的内容和方法；确定检查记录管理、定期建筑消防设施维护保养报告备案。

六、单位火灾隐患整改制度要点

单位火灾隐患整改制度的主要内容是：确定火灾隐患整改的责任部门和责任人；确定火灾隐患、火灾隐患整改期间的安全防范措施、火灾整改的期限和程序、整改合格的标准及所需经费保障。

七、单位用火、用电安全管理制度要点

单位用火、用电安全管理制度的主要内容是：确定安全用电管理责任部门和责任人；确定定期检查制度；确定用火、用电审批范围、程序和要求；确定操作人员的岗位资格及其职责要求；确定违规惩处措施。

八、单位易燃易爆危险物品和场所防火防爆制度要点

单位易燃易爆危险物品和场所防火防爆制度的主要内容是：确定易燃易爆危险物品和场所防火防爆管理责任部门和责任人；明确危险物品的储存方法及储存的数量；确定防火措施和灭火方法；确定危险物品的入口登记、使用与出库审批登记、特殊环境安全防范。

九、单位专职和义务消防队（或微型消防站）的组织管理制度要点

单位专职和义务消防队（或微型消防站）的组织管理制度的主要内容是：确定专职（志愿）消防队的人员组成；明确专职（志愿）消防队员调整、补充归口管理；明确培训内容、频次、实施方法和要求；确定组织演练考核方法及明确奖惩措施。

十、单位灭火和应急疏散预案演练制度要点

单位灭火和应急疏散预案演练制度的主要内容是：确定单位灭火和应急疏散预案的编制和演练的责任部门和责任人；确定预案制定、修改、审批程序；确定演练范围、演练频次、演练程序、注意事项、演练情况记录、演练后的总结和自评及预案修订。

十一、单位燃气和电气设备的检查和管理（包括防雷、防静电）制度要点

单位燃气和电气设备的检查和管理（包括防雷、防静电）制度的主要内容是：确定燃气和电气设备的检查和管理的责任部门和责任人；确定消防安全工作考评和奖惩内容及频次；确定电气设备检查、燃气管理检查的内容、方法和频次；记录检查中发现的隐患，落实整改措施。

十二、单位消防安全工作考评和奖惩制度要点

单位消防安全工作考评和奖惩制度的主要内容是：确定消防安全工作考评和奖惩实施的责任部门和责任人；确定考评目标、频次、考评内容（执行规章制度和操作规程的情况、履行岗位职责的情况等），考评方法、奖励和惩戒的具体行为。

第三节　明确单位消防安全管理人员职责

消防安全管理是一项系统管理活动，涉及各个方面，需要全体参与。在消防管理工作中，应当建立逐级消防安全责任制和岗位消防安全责任制，明确逐级和岗位人员消防安全职责，确定各级、各岗位的消防安全责任人。

一、单位消防安全责任人职责

（一）法定职责

作为法人单位的法定代表人或者非法人单位的主要负责人是单位的消防安全

责任人，对本单位的消防安全工作全面负责。其主要的法定职责有：

1. 贯彻执行消防法规，保障单位消防安全符合规定，掌握本单位的消防安全情况。

2. 将消防工作与本单位的生产、科研、经营、管理等活动统筹安排，批准实施年度消防工作计划。

3. 为本单位的消防安全提供必要的经费和组织保障。

4. 确定逐级消防安全责任，批准实施消防安全制度和保障消防安全的操作规程。

5. 组织防火检查，督促落实火灾隐患整改，及时处理涉及消防安全的重大问题。

6. 根据消防法规的规定建立专职消防队、义务消防队。

7. 组织制定符合本单位实际的灭火和应急疏散预案，并实施演练。

（二）主要工作

在日常消防安全管理工作中，消防安全责任人的主要消防管理工作任务有：

1. 确立消防安全管理人，授权并督促消防安全管理人按照法律法规及消防救援部门的要求，抓好单位消防安全管理工作。

2. 提供必要的组织和经费保障。

（1）配备必要的人力资源，同时应当将消防经费纳入单位年度经费预算，保证消防经费投入，保障消防工作的需要。

（2）日常消防经费用于单位灭火器材的配置、维修、更新，灭火和应急疏散预案的备用设施、材料，以及消防宣传教育、培训等，保证消防工作正常开展。

（3）安排专项经费，用于解决火灾隐患，维修、检测、改造消防专用给水管网、消防专用供水系统、灭火系统、自动报警系统、防排烟系统、消防通信系统、消防监控系统等消防设施。

（4）消防经费使用坚持专款专用、统筹兼顾、保证重点、勤俭节约的原则。任何单位和个人不得挤占、挪用消防经费。

3. 落实单位消防安全责任制。消防安全责任制是单位消防安全管理制度中最根本的制度。单位的消防安全责任人在日常消防安全管理工作中应当结合实际落实消防安全责任制，包括：

（1）落实单位内部消防安全责任。消防安全责任人应当与消防安全管理人，消防安全管理人与各部门，各部门负责人和部门员工之间都要层层签订责任书，明确职责任务，推动消防安全责任的落实。

（2）落实承包、租赁或委托经营、管理时单位的消防安全责任。产权单位应当提供符合消防安全要求的建筑物，当事人在订立的合同中依照有关规定明确各方的消防安全责任。消防车通道、涉及公共消防安全的疏散设施和其他建筑消防设施应当由产权单位或者委托管理的单位统一管理；承包、承租或者受委托经营、管理的单位，应当在其使用、管理范围内履行消防安全职责。

（3）落实多产权建筑物中单位的消防安全责任。同一建筑物由两个以上单位管理或者使用的，应当明确各方的消防安全责任，并确定责任人对共用的疏散通道、安全出口、建筑消防设施和消防车通道进行统一管理，可以委托统一管理。

（4）落实物业服务企业的消防安全责任。物业服务企业应当对受委托管理范围内的公共消防安全管理工作负责。

（5）落实建设工程施工现场的消防安全责任。建筑工程施工现场的消防安全由施工单位负责。实行施工总承包的，由总承包单位负责，分包单位向总承包单位负责，服从总承包单位对施工现场的消防安全管理。对建筑物进行局部改建、扩建和装修的工程，建设单位应当与施工单位在订立的合同中明确各方对施工现场的消防安全责任。

4. 掌握本单位的消防安全情况。消防安全责任人应当认真听取消防安全管理人的工作情况报告，掌握单位消防基本情况及管理情况，对涉及消防安全的重大问题进行决策。

二、消防安全管理人职责

消防安全重点单位应当确定消防安全管理人，其他单位可以根据需要确定本单位的消防安全管理人，组织实施本单位的消防安全管理工作。未明确消防安全管理人的单位主要负责人为消防安全管理人。消防安全管理人对单位的消防安全责任人负责，主要实施和组织落实下列消防安全管理工作：

1. 拟订年度消防工作计划，组织实施日常消防安全管理工作，包括建筑消防设施维护保养、专职消防队或微型消防站的建立与管理、消防控制室管理、单位消防安全检查、消防演练、消防安全工作的资金预算等内容，并报消防安全责任人批准后执行。

2. 组织制定消防安全管理制度和保障消防安全的操作规程并检查督促其落实。

3. 拟订消防安全工作的资金投入和组织保障方案。

4. 组织实施防火检查和火灾隐患整改工作。

5. 组织实施对本单位消防设施、灭火器材和消防安全标志的维护保养，确保其完好有效，确保疏散通道和安全出口畅通。

6. 组织管理专职消防队和义务消防队。

7. 在员工中组织开展消防知识、技能的宣传教育和培训，组织灭火和应急疏散预案的实施和演练。

8. 单位消防安全责任人委托的其他消防安全管理工作。

消防安全管理人应当定期向消防安全责任人报告消防安全情况，及时报告涉及消防安全的重大问题。未确定消防安全管理人的单位，以上消防安全管理工作由单位消防安全责任人负责实施。

三、保卫部门职责

保卫部门是单位内负责消防工作的常设机构，也是消防安全责任人、消防安全管理人履行消防安全职责、抓好消防安全管理的职能部门。消防安全重点单位应当设置保卫部门，并确定负责人；其他单位应当确定消防管理员。保卫部门在消防安全责任人、消防安全管理人的领导下开展消防安全管理工作。

1. 拟订年度消防安全工作计划，并报消防安全管理人。

2. 制定消防安全制度和保障消防安全的操作规程，并检查督促落实。

3. 开展防火检查、防火巡查。

4. 督促、落实火灾隐患整改。针对消防监督检查以及单位消防检查中发现的问题，应当立即督促、落实火灾隐患整改。

（1）确立隐患整改部门和负责人员；

（2）明确整改标准和整改期限；

（3）确立整改期间的安全防护措施；

（4）对无法立即改正的火灾隐患，制定整改方案，并上报消防安全管理人；

（5）隐患整改完毕后，组织复查。

5. 组织开展消防宣传教育。

6. 编制灭火和应急疏散预案，并组织演练。

7. 组建和管理专职消防队或微型消防站，组织开展日常业务训练。

8. 建立消防档案。

四、其他部门职责

单位其他各部门负责人是本部门的消防安全责任人，对本部门消防安全工作负总责，其主要职责有：

1. 明确本岗位的火灾危险性、重点部位、火灾危险源。

2. 督促员工开展班前、班后岗位自查，执行安全操作规程，遵守安全用电、用火、用气规定。

3. 建立本部门灭火应急疏散预案。火灾时，按照本部门预案，组织本部门人员进行火灾扑救、人员疏散逃生。

4. 整改火灾隐患。对保卫部门通报的以及部门防火巡查发现的问题予以整改，无法立即整改的，要落实预防火灾发生的措施。

五、重点岗位人员职责

（一）中控室值班员职责

自动消防系统的操作人员，必须持证上岗，并遵守消防安全操作规程。中控室值班员应履行以下职责：

1. 消防控制室值班人员应严格遵守消防中控室的各项安全操作规程和各项消防安全管理制度。

2. 消防控制室实行24小时值班制度，消防中控室的主管部门应按月制定工作人员值班表，每班不得少于2人，其中一名为领班，负责中控室人员的管理及值班时紧急情况的处置。

3. 消防中控室自动消防系统的操作人员，必须经过培训合格取得建（构）筑物消防员职业资格证书后持证上岗，熟悉和掌握消防控制室设备的功能及操作规程，按照规定测试自动消防设施的功能，保障消防控制室设备的正常运行。

4. 消防中控室值班人员应提前10分钟上岗，并做好交接班工作，接班人员未到岗前交班人员不得擅自离岗。

5. 消防中控室值班人员要按时上岗，并坚守岗位；尽职尽责，不得脱岗，替岗、睡岗，严禁值班前饮酒或在值班时进行娱乐活动，因确有特殊情况不能到岗的，应提前向单位主管领导请假，经批准后，由同等职务的人员代替值班。

6. 应在消防中控室的入口处设置明显的标志。

7. 消防中控室应设置一部外线电话及火灾事故应急照明、灭火器等消防器材和自动火灾报警系统报警点位置平面图。

8. 消防中控室值班人员要爱护消防中控室的设施，保持中控室内的卫生。

9. 严禁无关人员进入消防中控室，随意触动设备。

10. 消防中控室内严禁存放易燃易爆危险品和堆放与设备运行无关的杂物。

11. 消防中控室内严禁吸烟或动用明火。

12. 熟悉火灾处置流程，如图4.1.1所示。

（二）消防设施操作维护人员职责

1. 人员应取得建（构）筑物消防员职业资格证书。

2. 熟悉和掌握消防设施的功能和操作规程。

3. 按照制度对消防设施进行检查、维护和保养，保证消防设施和消防电源

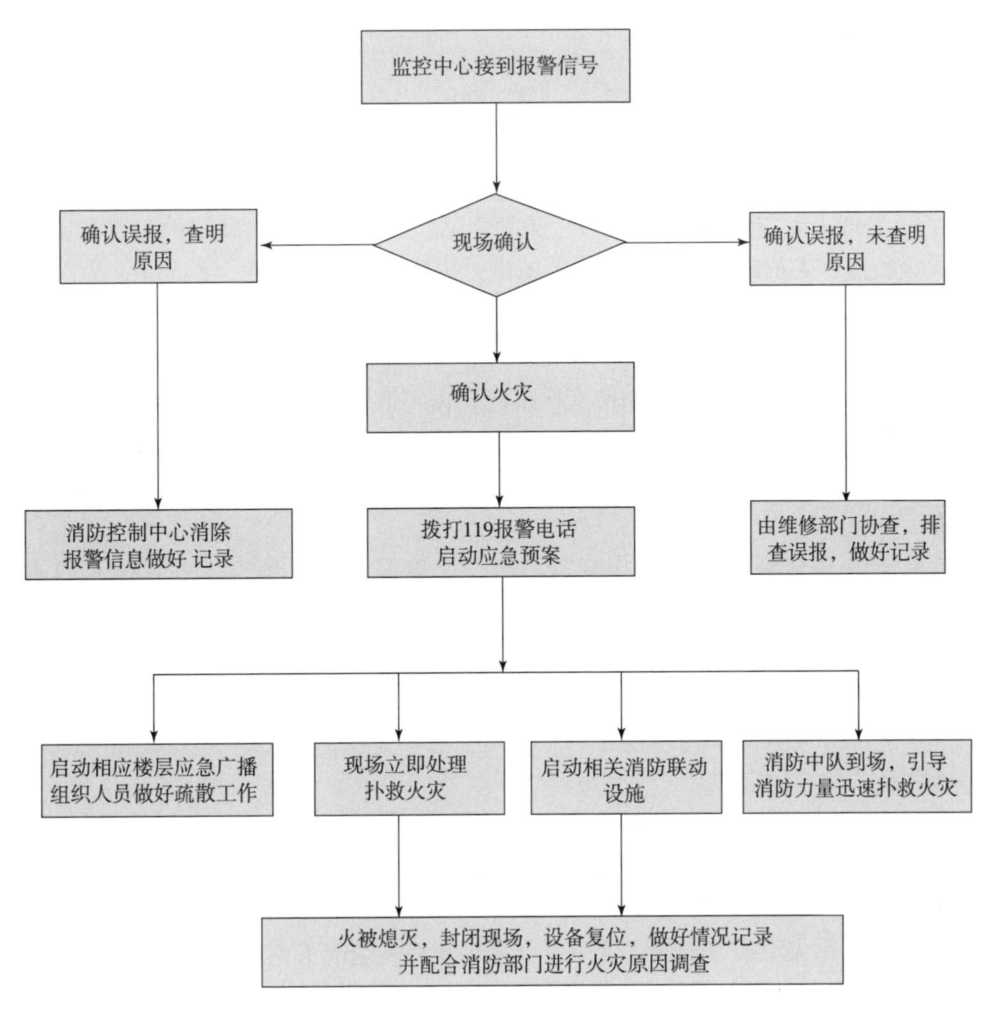

图 4.1.1　火灾接警处置流程图

处于正常运行状态，确保有关阀门处于正确位置。

4. 发现故障应及时排除，不能排除的应及时向部门主管人员报告。

5. 做好运行、操作和故障记录。

（三）保安人员职责

1. 学习、宣传消防知识和消防法规，劝阻和制止违反消防法规和单位消防安全制度的行为。

2. 全面了解和熟悉单位的消防工作制度、措施和消防重点部位，比如易燃、易爆物品放置的场所，电源开关、消火栓，消防水带，消防阀门的位置等。

3. 熟悉和掌握各种性能、规格的灭火器的使用方法。

4. 保护人员，疏散物资，判断火源位置，辨别燃烧物质的特性，判断有无爆炸危险和有毒气体泄漏，判断有无房屋倒塌、触电的危险，学会报火警。

5. 保护火灾现场，画出警戒线，禁止无关人员进入火场，防止有关痕迹被损坏。

6. 发现火灾应及时拨打“119”火警电话，按照单位预案确定的职责分工开展灭火救援、人员疏散、现场警戒等工作，协助开展火灾调查。

（四）电气焊工、电工操作人员职责

1. 执行有关消防安全制度和操作规程，履行审批手续。

2. 落实相应作业现场的消防安全措施，保障消防安全。

3. 提高增强自身技术业务水平，对工作负责，不准马虎和随意作业，经常检查使用电气焊及用电情况，及时完善整改，正确使用电气焊工、电工劳动保护用品。

4. 严格遵守安全技术操作规程，执行上级部门的现场施工的规范和技术要求。

5. 电气焊工、电工操作人员应经过培训，考试合格后，持有效证件上岗，不准无证上岗作业。

6. 严禁带电作业和冒险作业，发现隐患立即整改，不允许发现隐患不整改、不汇报造成的严重后果。

7. 在施工过程中，发现施工有隐患，需要停止施工的，立即通知施工人员停工，并立即汇报本单位领导或调度处理，采取关闭阀门、拉闸断电等措施待整改后再行施工。

8. 发生火灾后应立即报火警，并在条件允许的情况下立即实施扑救。

（五）厨房工作人员职责

在班前、班后应进行岗位防火检查，包括下列内容：

1. 燃油、燃气管道、阀门有无破损、泄漏。

2. 班后燃油、燃气阀门是否关闭。

3. 灶台、油烟罩和烟道清理是否及时。

4. 班后是否切断电源，火源是否妥善处理。

5. 消火栓、灭火器、灭火毯、消防安全标志是否完好。

（六）其他员工职责

1. 参加消防安全培训，遵守消防安全制度和操作规程。

2. 班前、班后开展岗位消防自查，自查内容包括：

（1）有无违反消防规章制度情况；安全出口、疏散通道是否畅通；

（2）消防器材、消防安全标志完好情况；

（3）场所有无遗留火种；

（4）其他消防安全情况。

发现问题及时排除并向其部门消防安全责任人报告。

3. 熟悉本工作场所灭火器材、消防设施及安全出口的位置。

4. 指导、督促外来人员遵守单位消防制度，制止影响消防安全的行为。

5. 任何人发现火灾都应当立即报警。任何单位、个人都应当无偿为报警提供便利，不得阻拦报警。严禁谎报火警。

6. 人员密集场所发生火灾，该场所的现场工作人员应当立即组织、引导在场人员疏散。

第二章
单位日常消防安全管理任务

第一节　明确消防安全管理重点部位

一、重点部位的范围

消防安全重点部位是指容易发生火灾，一旦发生火灾可能严重危及人身和财产安全，以及对消防安全有重大影响的部位。

单位应根据本单位实际，按照一般物品储存价值，易燃、可燃物品存储规模，重要设备、设施设置位置，人员密集程度，火灾荷载规模，以及火灾危险程度等情况确定以下部位为消防安全重点部位：

1. 容易发生火灾的部位，如化工生产车间，油漆、烘烤、熬炼、木工、电焊气割操作间，化验室、汽车库、化学危险品仓库，易燃、可燃液体储罐，可燃、助燃气体钢瓶仓库和储罐，液化石油气瓶或储罐，氧气站、乙炔站、氢气站，易燃的建筑群等。

2. 发生火灾后对消防安全有重大影响的部位，如与火灾扑救密切相关的变配电站（室）、消防控制室、消防水泵房等。

3. 性质重要、发生事故影响全局的部位，如发电机房，变配电站（室）、通信设备机房，生产总控制室，电子计算机房，锅炉房，档案室，资料、贵重物品和重要历史文献收藏室等。

4. 财产集中的部位，如存储大量原料、成品的仓库、货场，使用或存放先进技术设备的实验室、车间、仓库等。

5. 人员集中的部位，如单位内部的礼堂（俱乐部），托儿所、集体宿舍、医院病房等。

二、重点部位管理要求

单位应当严格消防安全重点部位管理，做到：

1. 单位应当确定消防安全重点部位，设置明确的防火标志，标明“消防重点部位”和“防火责任人”。

2. 单位应根据消防安全重点部位使用性质，并在醒目位置设置标识牌。

3. 重点部位应设立“消防重点部位”指示牌、“禁止烟火”警告牌，标明“防火责任人”。做到“消防重点部位明确、禁止烟火明确”（即“二明确”）和“防火责任人落实、志愿消防员落实、防火安全制度落实、消防器材落实、灭火预案落实”（即“五落实”）。

第二节　开展防火巡查

防火巡查是消防安全检查的重要组成部分，是及时发现和消除火灾隐患，预防火灾发生的重要措施，也是检查相关安全制度、措施是否落实的有效手段。《机关、团体、企业、事业单位消防安全管理规定》要求，消防安全重点单位应当进行每日防火巡查并确定巡查的人员、内容、部位和频次，其他单位可以根据需要组织防火巡查。

一、防火巡查人员

巡查人员一般由单位保安人员担任，防火巡查时应携带对讲机、插孔电话等通信工具，发现火灾应立即报火警并实施扑救。

二、防火巡查主要内容

1. 用火、用电、用油、用气有无违章。

2. 安全出口、疏散通道是否畅通，安全疏散指示标志、应急照明是否完好，防火间距是否被占用。

3. 消防设施器材和消防安全标志是否在位、完整。

4. 常闭式防火门是否处于关闭状态，防火卷帘下是否堆放物品影响使用。

5. 消防安全重点部位的人员在岗情况。

6. 其他消防安全情况。

三、防火巡查要求

1. 消防安全重点单位应当进行每日防火巡查，并确定巡查的人员、内容、部位和频次，其他单位每周至少对消防设施巡查一次。

2. 公众聚集场所在营业期间的防火巡查应当至少每2小时一次；营业结束时应当对营业现场进行检查，消除遗留火种。医院、养老院、寄宿制的学校、托儿所、幼儿园应当加强夜间防火巡查，其他消防安全重点单位可以结合实际组织夜间防火巡查。

3. 举办具有火灾危险性的大型群众性活动的，承办单位根据活动现场实际需要确定巡查频次。

4. 防火巡查人员应当及时纠正违章行为，妥善处置火灾危险，无法当场处置的，应当立即报告。发现初起火灾应当立即报警并及时扑救。

5. 防火巡查应当填写巡查记录，巡查人员及其主管人员应当在巡查记录上签名。

第三节 开展防火检查

消防安全重点单位应对消防安全制度、消防安全管理措施的落实情况及消防设施定期进行防火检查，并确定检查的人员、内容、部位和频次。

一、防火检查人员

防火检查人员一般为单位消防安全责任人或消防安全管理人，消防工作归口管理职能部门的负责人及专兼职消防管理人员按照职责分工开展。

二、防火检查主要内容

1. 火灾隐患的整改情况以及防范措施的落实情况。

2. 安全疏散通道、疏散指示标志、应急照明和安全出口情况。

3. 消防车通道、消防水源情况。

4. 灭火器材配置及有效情况。

5. 用火、用电有无违章情况。

6. 重点工种人员以及其他员工消防知识的掌握情况。

7. 水泵房、配电室、风机房、电梯机房等消防安全重点部位的管理情况。

8. 易燃易爆危险物品和场所防火防爆措施的落实情况以及其他重要物资的防火安全情况。

9. 消防（控制室）值班情况和设施运行、记录情况。

10. 防火巡查、火灾隐患的整改以及防范措施落实情况。

11. 消防安全标志的设置情况和完好、有效情况。

12. 其他需要检查的内容。

三、防火检查要求

1. 机关、团体、事业单位应当至少每季度进行一次防火检查，其他单位应当至少每月进行一次防火检查。

2. 防火检查应当建立防火检查记录，每次防火检查，要填写《防火检查记录表》，检查人员和被检查部门负责人应当在防火检查记录上签名。

3. 对涉及城市消防安全布局或与其他单位之间的防火间距不足，影响消防安全，仅靠单位自身确实无力整改的重大火灾隐患，应及时向单位上级主管部门、当地消防部门报告。

第四节　开展消防安全教育培训

一、消防培训教育内容

单位应当根据本单位特点，建立健全消防安全教育培训制度，明确机构和人员，保障教育培训的工作经费，按照有关规定对职工进行消防安全教育培训。应包括以下内容：

1. 有关消防法律法规、消防安全管理制度和保障消防安全的操作规程。

2. 本单位、部门、岗位的火灾危险性和防火措施。

3. 有关消防设施的性能、灭火器材的使用方法。

4. 报警、扑救初起火灾以及自救逃生的知识和技能。

5. 组织、引导在场群众疏散的知识和技能。

6. 与消防安全管理体系标准相关的消防安全文件、消防安全管理方针、目标、指标。

7. 灭火和应急疏散预案的演练。

二、培训教育范围

1. 单位的消防安全责任人、消防安全管理者代表等。

2. 专、兼职消防安全管理人员。

3. 消防控制室的值班、操作人员。

4. 易燃易爆危险物品的生产、使用、储存、经营等特种岗位人员。

5. 其他依照规定应当接受消防安全专门培训的人员。

三、培训教育要求

1. 单位应至少每半年组织一次对从业人员的集中消防培训。

2. 单位应当组织新上岗和进入新岗位的员工进行上岗前的消防安全培训。要求培训人员熟练掌握报火警、灭火器材使用方法、扑救初起火灾、应急疏散和自救逃生的知识、技能和方法等。

3. 公众聚集场所对员工的消防安全培训应当至少每半年进行一次，培训的内容还应当包括组织、引导在场群众疏散的知识和技能等。

4. 通过消防安全教育，员工应达到以下要求：

（1）熟悉消防法律法规；

（2）掌握消防安全职责、制度、操作规程、灭火和应急疏散预案；

（3）掌握本单位、本岗位火灾危险性和防火措施；

（4）掌握有关消防设施、器材操作使用方法；

（5）会报警、会扑救初起火灾、会疏散逃生自救。

5. 单位法定代表人或主要负责人、消防安全管理人应达到熟知以下内容：

（1）消防法律法规和消防安全职责；

（2）本单位火灾危险性和防火措施；

（3）依法应承担的消防安全行政和刑事责任。

第五节 编制本单位灭火和应急疏散预案

灭火和应急疏散预案是对单位火灾发生后灭火救援有关问题作出预先筹划和安排的计划安排文书，是针对单位内部可能发生的火灾，根据灭火救援的指导思想和处理原则，以及单位内部现有的消防设施和消防器材装备和单位内部员工的数量、质量、岗位情况而拟定的预案。灭火和应急疏散预案作为应对突发火灾事故的行动方案和依据，在处置事故时发挥着重要作用，单位应当制定灭火和应急疏散预案并定期演练，并逐步修改完善。

一、预案制定程序

制定灭火和应急疏散预案的程序是指其制定的方法和步骤。一般来说，应按照以下程序进行：

1. 明确范围，明确重点部位。

2. 调查研究，收集资料。
3. 科学计算，确定人员力量和器材装备。
4. 确定灭火救援应急行动意图。
5. 严格审核，不断充实完善。

二、预案的基本内容

消防安全重点单位制定的灭火和应急疏散预案应当包括下列内容：
1. 组织机构，包括灭火行动组、通信联络组、疏散引导组、安全防护救护组。
2. 报警和接警处置程序。
3. 应急疏散的组织程序和措施。
4. 扑救初起火灾的程序和措施。
5. 通信联络、安全防护救护的程序和措施。

三、预案的管理修订

1. 消防工作归口管理部门和各有关部门分别负责制定和修订本单位和本部门的灭火和应急疏散预案。
2. 灭火和应急疏散预案由消防安全管理者代表和部门负责人分别签发。
3. 单位预案每年 12 月修订一次，部门预案 6 月和 12 月分别修订一次。

第六节　组织本单位灭火和应急疏散演练

1. 消防安全重点单位应当按照灭火和应急疏散预案，至少每半年进行一次演练，并结合实际，不断完善预案。其他单位应当结合本单位实际，参照制定相应的应急方案，至少每年组织一次演练。
2. 消防演练时，应当设置明显标志并事先告知演练范围内的人员。

第七节　安全用火、用电、用油、用气

单位应当按照国家有关规定，结合本单位特点，建立健全各项消防安全制度和保障消防安全的操作规程，并公布执行。

一、用火管理应符合下列要求

1. 焊接等动火作业应办理动火许可证，动火审批人应前往现场检查并确认

防火措施落实后，方可签批动火许可证；动火操作人员应持有有效岗位工种作业证；现场应有动火监护人到场监护。

2. 焊接、切割、烘烤或加热等动火作业，应检查清理作业现场的可燃物；对于作业现场附近无法移动的可燃物，应采用不燃材料覆盖、隔离等防护措施。

3. 焊接、切割、烘烤或加热等动火作业，应采取应急灭火措施，配备相应的灭火器材。

4. 具有火灾、爆炸危险的场所严禁明火。进入易燃易爆危险场所和丙类可燃物品库房的车辆、设备应装有防止火花溅出的安全装置；生产运营中可能产生静电的操作，应采取防静电措施。

5. 采用炉火等明火设施取暖时，炉火与可燃物之间应采取防火隔热措施。人员密集的公共建筑不应采用明火取暖或照明。

6. 炉火等使用完毕后，应将炉火熄灭。厨房操作间的排油烟机及管道应定期清理油垢。

二、用电安全应符合下列要求

1. 电气设备及其线路、开关等应按规定负荷装设，电气线路的选材应与用电负荷相适应。

2. 电气设备不应超负荷运行或带故障使用；尽量避免同时使用大功率电器。

3. 电气设备的保险丝禁止加粗或者以其他金属代替。

4. 禁止私自改装照明线路及随意变换与原设计不符的照明装置，严禁照明回路私自连接其他电气设备。

5. 电气线路应具有足够的绝缘强度、机械强度并定期检查。禁止使用绝缘老化或失去绝缘性能的电气线路。

6. 不得擅自架设临时线路，确需架设时，应符合有关规定。

7. 电气设备应与周围可燃物保持一定的安全距离，电气设备附近不应堆放易燃、易爆和腐蚀性物品，禁止在架空线上放置或悬挂物品。

三、燃油燃气的管理应符合下列要求

1. 燃油燃气生产、储存等区域严禁明火、严禁违章作业并应设置相应标识，电气设备应采用防爆型设备，燃油燃气储存装置应设有防静电接地装置。

2. 不得擅自安装、改装、拆除固定的燃气设施和燃气灶具，不得遮挡、包裹、改动燃气设施及管道。

3. 燃油燃气设备及管道的开关、阀门等应启闭正常，无泄漏。

4. 燃气设施及管道严禁故障作业。

5. 不得加热、摔砸、倒置、暴晒燃气钢瓶；不得倾倒残液，不得在钢瓶之间倒气。

6. 液化石油气不得在地下、半地下室使用。

7. 室内出现气体异味，应立即关闭阀门，打开门窗，严禁开关电气设备及使用固定和移动电话。

8. 进行泄露检查时，可采用肥皂水涂抹等方法，严禁采用明火测试。

第八节　及时整改火灾隐患

1. 单位对消防安全巡查、消防安全检查以及其他情况发现的本单位存在的火灾隐患，应当及时予以消除。对下列违反消防安全规定的行为，单位应当责成有关人员当场改正并督促落实，违规情况以及改正情况应当有记录并存档备查：

（1）违章进入生产、储存易燃易爆危险物品场所的；

（2）违章使用明火作业或者在具有火灾、爆炸危险的场所吸烟、使用明火等违反禁令的；

（3）将安全出口上锁、遮挡，或者占用、堆放物品影响疏散通道畅通的；

（4）消火栓、灭火器材被遮挡影响使用或者被挪作他用的；

（5）常闭式防火门处于开启状态，防火卷帘下堆放物品影响使用的；

（6）消防设施管理、值班人员和防火巡查人员脱岗的；

（7）违章关闭消防设施、切断消防电源的；

（8）其他可以当场改正的行为。

2. 对不能当场改正的火灾隐患，消防工作归口管理职能部门或者专兼职消防管理人员应当根据本单位的管理分工，及时将存在的火灾隐患向单位的消防安全管理人或者消防安全责任人报告，提出整改方案。消防安全管理人或者消防安全责任人应当确定整改的措施、期限以及负责整改的部门、人员，并落实整改资金。

3. 在火灾隐患未消除之前，单位应当落实防范措施，保障消防安全。不能确保消防安全，随时可能引发火灾或者一旦发生火灾将严重危及人身安全的，应当将危险部位停产停业整改。

4. 火灾隐患整改完毕，负责整改的部门或者人员应当将整改情况记录报送消防安全责任人或者消防安全管理人签字确认后存档备查。

第九节 建立本单位消防安全档案

消防档案是对企业各项消防安全管理工作情况的记载。可以检查、分析、总结单位及有关岗位人员消防安全职责的履行情况，强化单位消防安全管理的责任意识，不断改进单位消防安全管理工作。

消防安全重点单位应当建立健全消防档案。消防档案应当包括消防安全基本情况和消防安全管理情况。消防档案应当翔实，全面反映单位消防工作的基本情况，并附有必要的图表，根据情况变化及时更新。

一、消防档案的内容

消防档案的内容应当包括消防安全基本情况和消防安全管理情况，如表4.2.1所示。

表4.2.1 消防档案的内容

类别	内容	要求
消防安全基本情况	1. 单位基本概况和消防安全重点部位情况	包括单位性质、单位地址、占地面积、建筑面积、内部建筑基本情况、消防通道、消防水源
	2. 建筑物或者场所施工、使用或者开业前的消防设计审核、消防验收以及消防安全检查的文件、资料	
	3. 消防管理组织机构和各级消防安全责任人	包括组织架构、岗位职责等
	4. 消防安全制度	包括消防安全制度及保障消防安全的操作规程等
	5. 消防设施、灭火器材情况	包括各部位建筑消防设施、器材情况登记表
	6. 志愿消防队人员及其消防装备配备情况	
	7. 与消防安全有关的重点工种人员情况	包括消防控制室值班员、自动消防设施操作维护人员、电气焊工、电工、易燃易爆危险岗位操作人员等
	8. 新增消防产品、防火材料的合格证明材料	
	9. 灭火和应急疏散预案	

续表

类别	内容	要求
消防安全管理情况	1. 消防救援机构填发的各种法律文书	包括消防监督检查记录表、责令改正通知书以及消防行政处罚的有关法律文书
	2. 消防设施定期检查记录、自动消防设施检查检测报告以及维修保养的记录	记录中应当记明检查的人员、时间、部位、内容、发现的问题以及处理措施等
	3. 有关燃气、电气设备检测（包括防雷、防静电）等记录资料	记录中应当记明检查的人员、时间、部位、内容、发现的问题以及处理措施等
	4. 防火检查、巡查记录	记录中应当记明检查的人员、时间、部位、内容、发现的火灾隐患以及处理措施等
	5. 火灾隐患及其整改情况记录	记录中应当记明火灾隐患的部位、情况以及整改措施、完成时间等
	6. 消防安全培训记录	记录中应当记明培训的时间、参加人员、内容等
	7. 灭火和应急疏散预案的演练记录	记录中应当记明演练的时间、地点、内容、参加部门以及人员等
	8. 火灾情况记录	记录中包括事故时间、事故部位、经济损失、伤亡人数、火灾原因、处理情况等
	9. 消防奖惩情况记录	记录中包括消防奖惩的时间、人员、奖惩原因、奖惩内容等

二、消防档案建立的要求

1. 消防档案应当能够全面反映企业消防工作的基本情况。

2. 应当根据企业消防安全基本情况的变化及时更新、补充消防档案的内容。

3. 消防安全重点单位除建立纸质消防档案外，还应当在消防安全重点单位信息系统中建立电子消防档案，同时要做好电子消防档案的维护工作。

4. 单位开展消防安全活动时，可以采用录音、摄像、拍照等方式记录活动的开展情况，并在电子介质上注明活动的名称、地点、时间，建立视听资料档案。

三、消防档案的管理要求

1. 统一保管、备查。消防档案应当由保卫部门统一集中保管、备查，不得由承办机构或个人分散保存。

2. 分类管理。按照档案形成的环节、内容、时间、形式的异同，进行档案编目、立卷，分类管理。

3. 按规定期限予以档案保存。依据《建筑消防设施的维护管理》(GB 25201—2010) 的规定，对单位消防档案进行管理保存，如表 4. 2. 2 所示。

表 4. 2. 2 消防档案保存期限

档案内容	保存期限
建筑工程的原始技术资料（包括图纸、产品资料、施工记录及检测报告等）	永久保存
建筑工程审核、验收、营业（或使用）前消防安全检查等法律文书	
建筑消防设施检测记录（报告）	不应少于 5 年
故障维修记录	
维护保养计划	
维护保养记录	
防火巡查记录	不应少于 1 年
消防控制室值班记录表	
建筑消防设施巡查记录	
其他档案材料	根据实际需要适时保存

第三章
应急处置

第一节　火灾报警

当发生火灾时，应视火势情况，在向周围人员报警的同时向消防队报警，同时还要向单位领导和有关部门报告。

1. 向周围人员报警：应尽量使周围人员明白什么地方着火和什么东西着火，是通知人们前来灭火，还是告诉人们紧急疏散。向灭火人员指明火点的位置，向需要疏散的人员指明疏散的通道和方向。

2. 拨打“119”向消防队报警。拨通电话后，应沉着、冷静，要讲明发生火灾的单位、地点、靠近何处，什么东西着火、火势大小，是否有人被围困，有无爆炸危险物品、放射性物质等情况。还要讲清报警人姓名、单位和联系电话号码，并注意倾听消防队的询问，准确、简洁地给予回答。报警后，应立即派人到单位门口或交叉路口迎接消防车，并带领消防队迅速赶到火场。如消防队未到前，火被扑灭，应及时向消防队说明火已扑灭。

第二节　火灾中的应急疏散

1. 单位应提高组织疏散逃生能力，做到会引导人员疏散，会火场逃生自救。全体员工应熟悉本单位疏散通道和安全出口，掌握疏散程序和逃生技能。

2. 单位应根据相关国家标准要求，结合本单位实际，配备必要的火场逃生避难器材。

3. 人员密集场所应当明确疏散引导员，负责引导在场人员通过附近的安全出口、疏散通道迅速疏散。疏散引导组人员要熟知消防疏散装备、器材的位置、使用方法，明了火灾发生时各人分工负责的楼层、疏散通道、安全出口。

4. 火灾确认后，疏散引导员能立即通过喊话和发出灯光信号等方式通知，按照灭火和应急疏散预案要求，引导火场人员采取正确方式、沿正确路线、有序逃生，并提醒火场人员疏散时不要恐慌，要互帮互助，提高疏散效率，疏散引导人员确认房间内无人后应关闭房门，在房门上做记号。消防控制室要及时启动应急广播、应急照明和疏散指示标志，并视情切断普通照明等非消防用电。

5. 发生火灾时，应按照以下顺序通知人员疏散：

（1）二层及以上的楼房发生火灾，应先通知着火层及其相邻的上下层；

（2）首层发生火灾，应先通知本层、二层及地下各层；

（3）地下室发生火灾，应先通知地下各层及首层；

（4）多个防火分区的，首先通知着火区及其相邻的防火分区；

6. 医院、福利院、敬老院、幼儿园和托儿所等场所应将安全疏散作为重要工作内容，安排足够的疏散引导员，确保火灾时现场人员能够安全疏散。

7. 疏散引导组要保持与消防控制室、灭火行动组、通信联络组的即时联系，随时根据火场现状调整疏散路线。

8. 火灾无法控制时，单位火场总指挥应能及时通知所有参加救援人员撤离。

9. 疏散时应注意以下几点：

（1）疏散人员要优先疏散老人、小孩和行走不便的病、残人员；

（2）疏散物资要优先疏散那些性质重要、价值大的原料、产品、设备、档案、资料等；

（3）对有爆炸危险的物品、设备也应优先疏散或采取安全措施；

（4）在燃烧区和其他建筑物之间堆放的可燃物，也必须优先疏散，因为它们可能成为火势蔓延的媒介。

第三节　火灾自救方法措施

一、初起火灾的扑救方法

1. 单位应当提高扑救初起火灾的能力，做到初起火灾早发现、早扑救。消防安全责任人、消防安全管理人应组织制定灭火和应急疏散预案，并定期组织全体员工演练，熟悉初起火灾扑救的程序、要求。

2. 员工发现起火能立即呼救并拨打“119”报警。起火部位现场员工能在1

分钟内形成第一灭火力量，采取如下措施：

（1）火灾报警按钮或电话附近的员工，立即揿下按钮或拨打电话通知消防控制室或值班人员；

（2）消防设施、器材附近的员工，使用消火栓、灭火器等设施器材灭火；

（3）疏散通道或安全出口附近的员工，引导人员疏散。

3. 当消防控制室值班人员接到火灾自动报警系统发出的火灾报警信号时，要通过无线对讲系统或单位内部电话等方式立即通知巡查人员或报警区域的楼层值班、工作人员迅速赶往现场实地查看，查看人员及其他员工确认（发现）火情后，要立即通过报警按钮、楼层电话或无线对讲等通信方式向消防控制室反馈（报告）信息。

4. 火灾确认后，单位消防控制室或单位值班人员能立即启动灭火和应急疏散预案，通过单位内部电话、无线对讲系统或广播、警铃等有效方式，发出火警指令，通知第二梯队人员赶赴现场，在3分钟内形成第二灭火力量，采取如下措施。同时立即启动防排烟系统和消防水泵等消防设施，并拨打“119”电话报警。

（1）通信联络组按照灭火和应急疏散预案要求通知灭火人员赶赴火场，与消防救援队保持联系，向火场指挥员报告火灾情况，将火场指挥员的指令下达有关灭火人员；

（2）灭火行动组根据火灾情况使用本单位的消防设施、器材，扑救初起火灾；

（3）疏散引导组按照分工组织引导现场人员疏散；

（4）安全救护组协助抢救、护送受伤人员；

（5）现场警戒组阻止无关人员进入火场，位置火场秩序。

5. 灭火行动组人员要熟知消防设施、器材的位置、使用方法和要求及各部位易发火灾的危险性。

二、企业专职消防队的建设

（一）建设范围

依照《中华人民共和国消防法》等法律法规要求，以下单位应当建立单位专职消防队，配置相应的人员、装备、训练设施和站舍等设施。

1. 大型核设施单位、大型发电厂、民用机场、主要港口。

2. 生产、储存易燃易爆危险品的大型企业。

3. 储备可燃的重要物资的大型仓库、基地。

4. 第一项、第二项、第三项规定以外的火灾危险性较大、距离国家综合性消防救援队较远的其他大型企业。

5. 距离国家综合性消防救援队较远、被列为全国重点文物保护单位的古建筑群的管理单位。

大型企业是指超过《中小企业划型标准规定》中型企业上限的企业；距离国家综合性消防救援队或政府专职消防队较远是指按照《城市消防站建设标准》，国家综合性消防救援队、政府专职消防队接到出动指令后到达该企业的时间超过5分钟。

（二）建队标准

1. 大型石化企业建立的专职消防队，建设标准应按照《城市消防站建设标准》中特勤消防站的标准执行，并结合行业需求配备消防车辆和器材装备，配齐配足专职消防队员。

2. 其他生产、储存易燃易爆化学危险品的大型企业建立的专职消防队，建设标准应按照不低于《城市消防站建设标准》中一级普通消防站的标准执行。

3. 其余大型企业建立的专职消防队，建设标准应按照不低于《城市消防站建设标准》中二级普通消防站的标准执行。

4. 企业专职消防队伍应当建设单独执勤楼，设立训练场地、消防员宿舍、通信室、器材库、办公室等，保障灭火救援和训练需要。

5. 企业专职消防队伍建设规模可以分为支队、大队、中队，中队人数不少于25人；设置2个以上专职消防中队、人数在50人以上100人以下的，可以成立专职消防大队；设置5个以上专职消防中队、人数在125人以上的，可以成立专职消防支队。

（三）日常管理执勤

1. 健全组织机构。企业应当建立健全专职消防队伍组织领导机构，明确隶属关系，按照有关规定建立健全党、团、工会等组织。

2. 依法规范用工。企业专职消防队伍实行队长负责制，队长应当为企业正式职工，并具备一定的灭火、防火知识和组织指挥能力。企业应当依法与专职消防队员签订书面劳动合同，符合《中华人民共和国劳动合同法》有关规定的，应当签订无固定期限劳动合同。企业专职消防队员不宜采取劳务派遣用工，宜采用标准工时制，实行不定时工作制或综合计算工时工作制，并按照国家有关规定报当地人力资源社会保障部门批准。企业应当制定科学合理的劳动定额定员标准，保障专职消防队员休息休假等权利，并通过职业技能培训、内部岗位交流等方式，拓宽专职消防队员离岗安置渠道。

3. 推动职业化建设。企业应当将专职消防队员纳入本单位人力资源管理体系和考核考评范围，结合消防工作特点制定标准，科学评价专职消防队伍的工作绩效。积极推行专职消防队员持国家职业资格证上岗，组织参加职业技能鉴定，并将职业资格与其岗位任职条件、薪酬、合同续签、职级调整晋升等挂钩，畅通专职消防队员职业上升通道。

4. 规范执勤战备。企业专职消防队伍实行 24 小时战备值班制度，专职消防支队、大队、中队设值班领导、值班员，中队设值班队长和各类执勤人员。支（大）队值班领导由支（大）队领导轮流担任，中队值班队长由专职队长轮流担任。专职消防队应开展经常性战备教育，严格执勤战斗装备管理，保证随时处于完好状态。专职消防队当班率应根据本单位的火灾危险性和灾害等级规模预警情况，满足当日执勤战斗匹配需要。

5. 加强业务训练。企业专职消防队伍应参照《消防部队灭火救援业务训练与考核大纲》规定，根据本单位实际拟定教育训练计划组织实施，编制灭火救援预案并开展不同时段、不同天气情况下的针对性熟悉演练。加强与消防部门的联勤联训，每年分批组织专职消防队员到当地消防中队或政府专职消防队进行不少于 15 天的驻队轮训，提高协同作战能力。新入职的专职消防队员应进行不少于 30 天的岗前培训，经考核合格后上岗执勤。

6. 健全调度指挥体系。企业专职消防队伍应当纳入消防灭火救援指挥调度体系，并明确联勤联动通信方式，在灭火救援时接受消防部门统一组织调动指挥。企业专职消防队伍之间应当建立区域联勤联动机制。

7. 拓展队伍职能。鼓励企业依托专职消防队伍，结合国家危险化学品及油气管道应急救援基地等建设，建立专业特色突出、布局配置合理的应急救援力量体系，并参加企业消防安全管理、宣传教育培训、动火等危险作业现场监护等工作，发挥“一队多能、一专多用”的作用，积极参与社会应急救援，发挥火灾防控和应急救援的综合效能。

8. 加强规范化管理。企业专职消防队伍应当统一单位门牌，称谓统一为“××企业专职消防队”。消防员灭火救援服背面、消防头盔侧面统一喷涂“××（企业名称简称）消防”。企业专职消防队员工作期间应当着制式服装和标志，在执行火灾扑救和应急救援任务时应当统一佩戴消防标志、着灭火救援服。

（四）综合保障措施

1. 加强经费保障。企业应当将专职消防队伍建设经费纳入安全生产费并依法足额保障。企业实际发生的安全生产费用支出，可依法在计算应纳税所得额时扣除。高危行业企业应当将专职消防队建设、消防装备购置等纳入应急专项资金予以保障。企业专职消防队员参加职业培训和鉴定，可按照有关规定向当地人力资源社会保障部门申领补贴。

2. 合理确定工资待遇。企业应当按照《中华人民共和国劳动法》按劳分配、同工同酬原则，结合专职消防队员工作环境高温、高空、地下、浓烟、粉尘、有毒、易燃、易爆、噪声的特点，参照本单位高危或特殊工种岗位，结合专职消防队员的职业技能等级，合理确定其工资、津贴及相关待遇。专职消防队员的工资水平应当不低于本单位职工平均工资水平，享受生产一线职工或者高危行业的福利待遇。

3. 完善保险制度。企业应当按照《中华人民共和国劳动法》《中华人民共和国民法典》《中华人民共和国社会保险法》《中华人民共和国突发事件应对法》等规定，为专职消防队员办理养老、医疗、工伤、失业等社会保险，缴纳各项社会保险费用和住房公积金；为专职消防队员购买意外伤害保险，提高专职消防队员职业伤害保障水平。

4. 强化职业健康保护。企业应当按照《中华人民共和国职业病防治法》《职业病分类和目录》（国卫疾控发〔2013〕48 号），落实《消防员职业健康标准》（GBZ 221—2009），组织专职消防队员参加岗前、在岗、离岗和应急职业健康检查，建立职业健康档案，积极预防、控制和消除专职消防队员因接触有毒、有害因素而引起的职业病。

5. 落实伤残抚恤待遇。专职消防队员在业务训练、火灾扑救、应急救援等工作中因工受伤、致残或死亡的，应当按照《工伤保险条例》等规定向社会保险行政部门申请工伤认定、劳动能力鉴定，并按照规定享受工伤保险待遇。符合烈士申报条件的，应当按照《烈士褒扬条例》规定的程序向民政部门申报。

6. 加强装备配备。企业应当根据生产经营特点和火灾危险性，按照国家有关标准为专职消防队伍配备消防车辆和个人防护装备等，并定期检查更新，报废超期服役车辆装备。应积极应用新技术、新装备储备必要的灭火药剂，并纳入企业应急物资保障方案，确保数量充足、品种齐全、质量可靠、完整好用。

7. 建立奖励表彰制度。企业对在执勤训练中表现突出的专职消防队员，应当给予奖励。

三、微型消防站的建设

（一）建设范围

1. 除按照消防法规须建立专职消防队的重点单位外，其他设有消防控制室的重点单位，以救早、灭小和“3 分钟到场”扑救初起火灾为目标，依托单位志愿消防队伍，配备必要的消防器材，建立重点单位微型消防站。

2. 合用消防控制室的重点单位，可联合建立微型消防站。

（二）消防安全重点单位微型消防站建设标准

1. 人员配备：

（1）微型消防站人员配备不少于 6 人；

（2）微型消防站应设站长、副站长、消防员、控制室值班员等岗位，配有消防车辆的微型消防站应设驾驶员岗位。

（3）站长应由单位消防安全管理人兼任，消防员负责防火巡查和初起火灾扑救工作。

（4）微型消防站人员应当接受岗前培训，培训内容包括扑救初起火灾业务技能、防火巡查基本知识等。

2. 站房器材：

（1）微型消防站应设置人员值守、器材存放等用房，可与消防控制室合用；有条件的，可单独设置。

（2）微型消防站应根据扑救初起火灾需要，配备一定数量的灭火器、水枪、水带等灭火器材；配置外线电话、手持对讲机等通信器材；有条件的站点可选配消防头盔、灭火防护服、防护靴、破拆工具等器材。

（3）微型消防站应在建筑物内部和避难层设置消防器材存放点，可根据需要在建筑之间分区域设置消防器材存放点。

（4）有条件的微型消防站可根据实际选配消防车辆。

3. 岗位职责：

（1）站长负责微型消防站日常管理，组织制定各项管理制度和灭火应急预案，开展防火巡查、消防宣传教育和灭火训练；指挥初起火灾扑救和人员疏散。

（2）消防员负责扑救初起火灾；熟悉建筑消防设施情况和灭火应急预案，熟练掌握器材性能和操作使用方法，并落实器材维护保养；参加日常防火巡查和消防宣传教育。

（3）控制室值班员应熟悉灭火应急处置程序，熟练掌握自动消防设施操作方法，接到火情信息后启动预案。

4. 值守联动：

（1）微型消防站应建立值守制度，确保值守人员24小时在岗在位，做好应急准备。

（2）接到火警信息后，控制室值班员应迅速核实火情，启动灭火处置程序。消防员应按照“3分钟到场”要求赶赴现场处置。

（3）微型消防站应纳入当地灭火救援联勤联动体系，参与周边区域灭火处置工作。

5. 管理训练：

（1）重点单位是微型消防站的建设管理主体，重点单位微型消防站建成后，应向辖区消防部门备案。

（2）微型消防站应制定并落实岗位培训、队伍管理、防火巡查、值守联动、考核评价等管理制度。

（3）微型消防站应组织开展日常业务训练，不断提高扑救初起火灾的能力。训练内容包括体能训练、灭火器材和个人防护器材的使用等。

（三）社区微型消防站建设标准

1. 人员配备：社区微型消防站应确定1名人员担任站长，确定5名以上接受基本灭火技能培训的保安员、治安联防队员、社区工作人员等兼职或志愿人员担任队员。

2. 站房器材：

（1）微型消防站应充分利用社区服务中心等现有的场地、设施，设置在便于人员出动、器材取用的位置，房间和场地应满足日常值守、放置消防器材的基本要求，设置外线电话。

（2）微型消防站应根据扑救本社区初起火灾的需要，配备消防摩托车和灭火器、水枪、水带等基本的灭火器材和个人防护装备。具备条件的，可选配小型消防车。

（3）岗位职责：站长负责社区微型消防站的日常管理，组织制定各项管理制度和灭火应急预案，掌握人员和装备情况，组织开展业务训练，组织指挥扑救初起火灾。其他成员按照职责参加扑救初起火灾。

（4）值守联动

3. 微型消防站应建立24小时值守制度，分班编组值守，每班不少于3人。

4. 乡镇（街道）辖区内建有多个社区微型消防站的，应实行统一调度，并纳入当地灭火救援联勤联动体系。

5. 管理训练：

（1）社区是微型消防站的建设管理主体，社区微型消防站建成后，应向辖区消防部门备案。

（2）微型消防站应建立日常管理、排班值守、训练和灭火工作制度，定期开展基本技能训练，熟悉本社区情况，提高扑救初起火灾的能力。

第四章

消防管理制度制定要点

单位内部消防安全制度是落实各项消防安全管理措施的依据和抓手，机关、团体、企事业单位应当根据自身实际制定切实可行的消防安全管理制度并在单位内正式发布实施，本篇列举几类基本消防安全制度制定要点供参考。

第一节　消防安全教育培训制度参考范本

第一条　为提高员工的消防安全素质，使其遵循消防安全方针、程序、消防安全管理体系要求，改善工作活动中消防安全状况，特制定本制度。

第二条　人力资源管理部门是单位消防安全教育和培训的责任部门。

第三条　人力资源部门负责人是单位消防安全教育和培训责任人，各有关部门负责人是本部门消防安全教育和培训责任人。

第四条　消防安全教育

（一）消防安全教育的对象为全体员工。

（二）消防安全宣传教育的形式主要有：消防文艺宣传、消防宣传画廊、消防宣传板、火灾事故现场会、典型火灾案例分析、消防标语、消防演讲、季节防火宣传、消防报刊或杂志、消防影视节目、消防知识竞赛、重点工种教育、参观对外开放消防站等。

（三）消防安全教育每月进行一次，在消防宣传日或重大活动期间适时进行。

第五条　消防安全培训

（一）消防安全培训的对象应包括单位在职的全体员工。

（二）单位中的下列人员应积极接受消防安全专门培训：

1. 单位的消防安全责任人、消防安全管理者代表；

2. 专、兼职消防安全管理人员；

3. 消防控制室的值班、操作人员；

4. 易燃易爆危险物品的生产、使用、储存、经营等特种岗位人员；

5. 其他依照规定应当接受消防安全专门培训的人员。

（三）单位的消防控制室值班、操作人员和易燃易爆危险物品的生产、使用、储存、经营等特种岗位人员应当持证上岗。

（四）消防安全培训应包括以下主要内容：

1. 有关消防法律法规、消防安全管理制度和保障消防安全的操作规程；

2. 本单位、部门、岗位的火灾危险性和防火措施；

3. 有关消防设施的性能、灭火器材的使用方法；

4. 报警、扑救初起火灾以及自救逃生的知识和技能；

5. 组织、引导在场群众疏散的知识和技能；

6. 与消防安全管理体系标准相关的消防安全文件、消防安全管理方针、目标、指标；

7. 灭火和应急疏散预案的演练。

（五）单位的消防安全培训在每年的 1 月和 7 月各组织一次，部门的消防安全培训每月组织一次。

（六）单位应积极参加消防机构或者其他具有消防安全培训资质的机构组织的专门消防安全培训，确保持证上岗落实。

第六条　消防安全教育培训均应做出记录，由消防安全教育和培训责任人指定专人负责。

第七条　考核奖惩，参照单位消防安全工作考评和奖惩制度执行。

第二节　防火检查、巡查制度参考范本

消防安全重点单位应当进行每日防火巡查，并确定巡查的人员、内容、部位和频次；其他单位可以根据需要组织防火巡查。巡查的内容应当包括：

（一）用火、用电有无违章情况；

（二）安全出口、疏散通道是否畅通，安全疏散指示标志、应急照明是否完好；

（三）消防设施、器材和消防安全标志是否在位、完整；

（四）常闭式防火门是否处于关闭状态，防火卷帘下是否堆放物品影响使用；

（五）消防安全重点部位的人员在岗情况；

（六）其他消防安全情况。

公众聚集场所在营业期间的防火巡查应当至少每两小时一次；营业结束时应当对营业现场进行检查，消除遗留火种。医院、养老院、寄宿制的学校、托儿所、幼儿园应当加强夜间防火巡查，其他消防安全重点单位可以结合实际组织夜间防火巡查。

防火巡查人员应当及时纠正违章行为，妥善处置火灾危险，无法当场处置的，应当立即报告。发现初起火灾应当立即报警并及时扑救。

防火巡查应当填写巡查记录，巡查人员及其主管人员应当在巡查记录上签名。

第三节 消防安全疏散设施管理制度参考范本

第一条 为加强本单位安全疏散设施管理，确保疏散通道畅通、疏散设施完好有效，特制定本制度。

第二条 安全疏散设施要严格按国家法律法规和规范的要求进行配置。

第三条 各部门是本部门配置的安全疏散设施管理的责任部门，消防工作归口管理部门负责单位的安全疏散设施的监督管理。

第四条 安全设施管理应落实以下方面：

（一）严禁占用疏散通道，疏散通道内严禁摆放货架等物品；

（二）严禁在安全出口或疏散通道上安装栅栏门等影响疏散的障碍物；

（三）严禁在生产、经营等期间将安全出口上锁或遮挡，或者将疏散指示标志遮挡、覆盖；

（四）对应急照明灯具、疏散指示标志按要求定期进行测试检查，并认真填写检查记录；

（五）对发现的问题要进行当场整改；当场整改确有困难的，下发限期改正通知单责令相关部门限期改正，确保安全疏散设施处于良好的工作状态。

第五条 消防工作归口管理部门对安全疏散设施的监督管理应做出检查记录，发现问题及时通知有关部门进行整改。

第四节 消防（控制室）值班制度参考范本

第一条 为加强对单位消防控制室的管理，制定本制度。

第二条 消防控制室由消防工作归口管理部门管理。

第三条 消防控制室应配备专门值班、操作人员，实行 24 小时值班制度，每个班次不少于 2 人。

第四条 消防控制室值班、操作人员上岗前应经消防安全技术专业培训并考试合格后持证上岗，熟练掌握本单位自动消防设施的工作原理、操作规程及常见故障排除方法。未取得上岗证的人员不得从事自动消防设施的操作及维护。

第五条 消防控制室值班、操作人员应定期进行复训，并保持相对固定，以利于工作的连续性和熟练性。

第六条 消防控制室值班、操作人员必须坚守岗位，密切注视自动消防设施的运行状态，发现问题及时处理，保证自动消防设施全时制、全方位、全功能地运转。值班期间严禁脱岗、睡觉、喝酒、聊天、打私人电话。消防控制室严禁无关人员进入。

第七条 未经消防机构同意，不得擅自关闭消防设施。

第八条 系统发生故障后，及时通知单位独立维护保养人员或有资质的维修单位进行维修。

第九条 消防控制室值班、操作人员应做好值班记录，及时掌握有关信息，给单位领导当好参谋，协助有关领导做好防火、灭火工作。

第十条 单位发生火灾后应及时启动消防控制室火警处置程序。

第十一条 根据本单位消防工作的需要，完成上级领导和消防机构部署的其他工作任务，主动接受消防机构的检查。

第五节 消防控制室火警处置程序参考范本

第一条 当消防控制室值班人员接到火灾自动报警系统发出的火灾报警信号时，要通过无线对讲系统或单位内部电话立即通知巡查人员或报警区域的楼层值班、工作人员赶往现场实地查看。

第二条 查看人员确认火情后，要立即通过报警按钮、楼层电话或无线对讲系统向消防控制室反馈信息，并同时组织本楼层第一梯队疏散引导组及时引导本楼层人员疏散；灭火行动组实施灭火。

第三条 消防控制室接到查看人员确认的火情报告后要同时做到：

1. 立即启动事故广播，发出火警指令，通知第二梯队人员；同时，要告知顾客不要惊慌，在单位员工的引导下迅速安全疏散、撤离；

2. 设有正压送风、排烟系统和消防水泵等设施的，要立即启动，确保人员安全疏散和有效扑救初起火灾；

3. 拨打“119”电话报警。

第四条 第二梯队人员接到消防控制室发出的火警指令后，要迅速按照职责分工，同时做到：

1. 灭火行动组的人员立即跑向火灾现场实施增援灭火；

2. 疏散引导组引导各楼层人员紧急疏散；

3. 通信联络组继续拨打“119”电话报警。

第五条　当单位员工发现火情时，要立即通过报警按钮或楼层电话向消防控制室报警。同时做到：

1. 第一梯队疏散引导组及时引导本楼层人员疏散，灭火行动组实施灭火，通信联络组拨打“119”电话报警；

2. 消防控制室值班人员接到火情报告后，要按照“火灾自动报警系统发出的火灾报警信号处置程序”规定实施；

3. 第二梯队人员接到消防控制室发出的火警指令后，要按照第一条“火灾自动报警系统发出的火灾报警信号处置程序”规定实施。

第六节　消防设施器材、器材维护管理制度参考范本

第一条　为保证消防设施器材的正常运行，单位必须加强日常的消防设施设备维修保养工作。

第二条　消防设施器材应符合国家标准、行业标准，并有明显标识。

第三条　室内消火栓箱不应上锁，箱内设备应齐全、完好。

第四条　室外消火栓不应埋压、圈占；距室外消火栓、水泵接合器2m范围内不得设置影响其正常使用的障碍物。

第五条　物品的堆放不得影响防火门、防火卷帘、室内消火栓、灭火剂喷头、机械排烟口和送风口、自然排烟窗、火灾探测器、手动火灾报警按钮、声光报警装置等消防设施的正常使用。

第六条　应确保消防设施和消防电源始终处于正常运行状态；需要维修时，应采取相应的措施，维修完成后，应立即恢复到正常运行状态。

第七条　应按照消防设施管理制度和相关标准定期检查、检测消防设施，并做好记录，存档备查。

第八条　自动消防设施应按照有关规定，每年委托具有相关资质的单位进行全面检查测试，并出具检测报告，送当地消防机构备案。

第九条　必须配备责任心强、具有较高专业知识人员负责消防设施设备的维修保养工作，其他无关人员不得随意维修保养消防设施设备。

第七节　火灾隐患整改制度参考范本

第一条　为及时检查发现并整改火灾隐患，严防各类火灾事故的发生，特制订本制度。

第二条　火灾隐患的排查由消防工作归口管理部门负责。

第三条　下列情况均应确定为火灾隐患：

1. 经火灾危险评价后的部位，监控和预防措施不到位，有可能导致火灾等紧急情况或火势蔓延的；

2. 防火巡查、防火检查中发现的违反或不符合消防法律法规的行为；

3. 消防机构下发的消防法律文书中指出的违反或不符合消防法律法规的行为。

第四条　下列可以当场整改的火灾隐患，由检查部门直接通知相关部门和员工整改：

1. 违章使用、存放易燃易爆物品的；

2. 违章使用甲、乙类可燃液体、气体做燃料的明火取暖炉具的；

3. 违反规定吸烟、乱扔烟头、火柴的；

4. 违章动用明火、进行电（气）焊的；

5. 不按照设施设备的安全操作规程、违章操作的；

6. 安全出口、疏散通道上锁、遮挡、占用，影响疏散的；

7. 消火栓、灭火器材被遮挡或挪作他用的；

8. 常闭式防火门关闭不严的；

9. 消防设施管理、值班人员和防火巡查人员脱岗的；

10. 违章关闭消防设施、切断消防电源的；

11. 防火卷帘下堆放物品，影响卷帘正常运行的；

12. 存在乱接乱拉电线等不规范用电行为，可能引发火灾的；

13. 其他可以立即改正的行为。

第五条　对不能当场整改的火灾隐患，由消防工作归口管理部门拟定整改方案和整改时限，报消防安全责任人批准，由消防安全责任人保证整改的人力和经费资源。

第六条　批准的整改方案和时限，由消防工作归口管理部门以《责令限期改正通知书》的形式通知火灾隐患的相关部门。

第七条　存在火灾隐患的相关部门是火灾隐患整改的责任部门，火灾隐患整改期间应加强巡查看护等相关防护措施，确保整改期间的消防安全。

第八条　整改完毕后，火灾隐患整改部门应向消防工作归口管理部门写出整改情况报告，收到报告或整改期限届满时消防工作归口管理部门应当对发出的《责令限期改正通知书》予以复查，填发《复查结果通知书》报消防安全管理者代表审批并送达相关整改部门。

第八节　用火安全管理制度参考范本

第一条　单位应严格执行动火消防审批制度，任何部位动用电（气）焊、热切割、喷灯等明火作业，必须经单位消防安全归口管理部门（主管或保卫部门）审核批准，领取动火证后方可作业。

第二条　动火管理实行动火作业许可证制度，凡在动火管理范围内的动火作业必须办理动火许可证。

第三条　动火审批应根据动火部位的危险程度划分级别，动火分为一、二、三级动火（具体分级办法根据单位实际制定）。

第四条　在具有火灾、爆炸危险的场所内进行以下作业或使用其中设施均应纳入动火作业管理范围：

（一）各种焊接、切割作业；

（二）烧、烤及其他产生火花的作业；

（三）使用不防爆的电动工具、电器。

第五条　动火作业审批的办理。

（一）一级动火作业的审批。一级动火由动火部门在动火前两天提出申请，报消防工作归口管理部门。由消防工作归口管理部门现场实地勘查后，制定行之有效的方案报消防安全管理者代表签字后方可实施动火作业。

（二）二级动火作业的审批。二级动火由动火部门自行制定方案，采取措施后，消防工作归口管理部门实地勘查并经消防工作归口管理部门负责人签字后方可实施动火作业。

（三）三级动火作业的审批。三级动火由动火部门负责人批准实施。

（四）动火作业的批准以《动火作业许可证》的形式实施。

（五）《动火作业许可证》是动火作业的凭证和依据，不得涂改和代签。

（六）《动火作业许可证》一式两联，第一联为存根，由审批单位持有；第二联由动火单位或个人持有。

第六条　外来施工队伍在本单位管理范围内实施动火作业，应由工程项目所在部门按照动火等级审批权限申请《动火作业许可证》。如有违反，按本单位有关规定给予处罚。

第七条　消防安全责任人、管理人和消防工作归口管理部门应对单位动火作业进行检查，如发现有违反动火管理制度或动火作业有危险时，可随时收回《动火作业许可证》，停止动火，按本单位有关规定给予处罚。

第八条　动火作业人员、动火监护人应严格履行各自职责并按相关操作规程进行操作。

第九条　《动火作业许可证》由单位消防工作归口管理部门存档，保存期限为2年。

第十条　本制度由单位消防工作归口管理部门负责解释，未尽事宜可参照国家有关法律、法规、制度和标准执行。

第九节　用电安全管理制度参考范本

第一条　为搞好单位用电安全工作，特制定本制度。

第二条　安全用电管理由后勤管理部门负责，单位内的所有外线电源线路的设计、施工、检查、验收、维护均由后勤管理部门统一办理。未经后勤管理部门审批的用电项目，必须经后勤管理部门重新审查、验收后，才能投入使用；否则，应无条件拆除。

第三条　电源输电线路一律由后勤管理部门专业技术人员直接组织施工，任何部门均不得自行接线接电。室内电气线路属新建工程的由基建部门统一组织施工。扩建项目在1千瓦以上的必须经后勤管理部门同意后，委托有电工证的电工施工。无电工证的人员不准安装电源线路。

第四条　电源线路在设计时，必须充分考虑发展的需要，使电路有足够的余量。施工时要严格按照有关规定进行施工。对陈旧老化、超负荷的电源线路，必须有计划地逐步更换。一时难于更换的，必须在确保安全的条件下，采取特别防护措施；否则，必须暂停使用。

第五条　电源线路必须安装可靠的保险装置，并正确使用保险丝，确保用电安全。禁止使用铜线和其他非专用金属线当保险丝使用。新建项目必须安装漏电保护装置。

第六条　各部门安装大容量的电器设备，必须经后勤管理部门批准，擅自安装的予以没收。凡电源线路容量不允许安装大容量用电器的地方，一律禁止安装。

第七条　所有电路安装、电器操作的人员，都必须经过专业培训，考试合格后，才能上岗。接触电源必须有可靠的绝缘措施，并按规定严格进行检查，防止触电事故的发生。

第八条　所有用电场所必须执行“人走电断”的规定，人员离开用电场所或电器设备不使用时，要关闭总电源。24 小时用电的设备，必须有专人值班，随时掌握用电的安全情况。

第九条　凡有高电压的场所、电线裸露的地方，后勤管理部门或用电部门应设立醒目的危险警示标志，并采取有效的隔离措施，防止电击事故发生。室外的电源设置，必须定期清理周围的杂草树林，防止引发事故。

第十条　电器在使用过程中，发生打火、异味、高热、异响等异常情况时，必须立即停止操作，关闭电源，并及时找电工检查、修理，确认能安全运行时，才能继续使用。

第十一条　安全用电必须坚持定期检查制度，后勤管理部门会同有关部门，每年组织 1 至 2 次检查，各部门每月要进行一次检查，对安全隐患及时整改。

第十二条　任何部门和个人都必须严格遵守安全用电规则，严禁私拉乱接电源，严禁违章违规使用电器，严禁电源线路超负荷使用。对于违规违章用电的单位和个人，全体员工都有检举和监督的义务。

第十三条　违反上述规定，根据情节按有关规定给予处罚。违反规定造成人身伤亡和设备、财产损失的，将根据情节和损失程度给予罚款、赔偿、行政处罚的处分，直至移送司法机关追究其刑事责任。

第十节　易燃易爆危险品和场所防火防爆制度参考范本

第一条　为确保单位易燃易爆危险物品在生产、贮存、运输、使用过程中的消防安全，特制定本制度。

第二条　生产和管理易燃易爆危险化学物品的工作人员应熟悉其理化特性、防火措施及灭火方法。

第三条　贮存易燃易爆物危险化学物品的仓库，耐火等级不得低于二级，有良好的通风散热条件，定期测温检查。使用易燃易爆物品的生产部位，贮存量不得超过当班的使用量。

第四条　贮存危险化学物品应按照性质分类，专库存量，并设置明显的标志，注明品名、特征、防火措施和灭火方法，配备足够的相应的消防器材。性质与灭火方法相抵触的物品不得混存。

第五条　生产贮存易燃易爆物危险化学物品的厂（库）房等场所，严禁动用明火和带入火种，电气设备、开关、灯具、线路必须符合防爆要求。工作人员不准穿带钉子的鞋和化纤衣服，非工作人员严禁进入。

第六条　维修检查设备机件，严禁使用汽油等易燃易爆物品清洗。

第七条　对怕潮（如乙炔）、怕晒（氧气瓶）的物品，不得露天存放，以防因受潮或暴晒而发生火灾、爆炸事故。

第八条　装卸和操作易燃易爆危险化学物品应稳装、稳卸，严禁用易产生火花的工具敲打和起封。

第九条　运输危险化学物品必须专车运输，配备相应的消防器材，并应办理运输手续。性质相抵触的危险物品不得同车运输。严禁携带危险品乘坐公共交通工具。

第十一节　专职和义务消防队的组织管理制度参考范本

第一条　专职消防队隶属保卫部管理，志愿消防队由部门消防安全责任人、管理人负责管理。

第二条　安保队全体人员是专职消防队员。

第三条　志愿消防队由各科室负责人和职工组成。

第四条　保卫处对专职、志愿消防队员定期进行消防培训和灭火疏散演练；志愿消防队员要服从灭火和应急疏散预案领导小组或保卫处的统一调度、指挥，根据分工各司其职、各负其责。

第五条　部门消防安全管理人，要根据人员的变动情况，随时对志愿消防队员进行调整、补充。

第六条　专职和志愿消防队员要熟悉防火、灭火知识，熟练掌握消防器材的操作及使用方法，以及初起火灾扑救、组织人员疏散及逃生方法。

第七条　专职和志愿消防队员，要贯彻执行消防安全管理制度，制止和劝阻违反消防法规和制度的行为，开展防火宣传教育，进行防火安全检查和火灾隐患整改。

第八条　发现火灾及时报警，扑救初起火灾、疏散现场人员、抢救物资、维护秩序、保护火灾现场。当消防队到达现场时，要报告火场准确情况，配合消防队灭火。

第十二节　灭火和应急疏散预案演练制度参考范本

第一条　为规范本单位灭火和应急疏散预案的编制和演练工作，制定本制度。

第二条　单位灭火和应急疏散预案的编制和演练由单位消防安全委员会领导，消防工作归口管理部门具体负责。部门灭火和应急疏散预案的编制和演练由部门消防工作领导小组领导，部门负责人具体负责。

第三条　预案的制定和修订

（一）消防工作归口管理部门和各有关部门分别负责制定和修订本单位和本部门的灭火和应急疏散预案。

（二）灭火和应急疏散预案由消防安全管理人和部门负责人分别签发。

（三）单位预案每年 12 月修订一次，部门预案 6 月和 12 月分别修订一次。

第四条　预案的内容

（一）组织机构。包括指挥机构和灭火行动组、通信联络组、疏散引导组组成。

（二）岗位职责。各组按人员组成确定与预案相关的所有人员的岗位职责。

（三）预案对象。假定火灾等紧急情况。

（四）处置程序。包括报警、疏散、扑救等。

第五条　预案的演练

（一）单位预案每半年演练一次，部门预案每季度演练一次。

（二）演练应由组织者提前 7 天通知相关部门和人员。

（三）预案涉及的各级、各类人员，必须对预案熟记并按照演练的统一要求，在规定的时间内到达指定位置。

（四）演练地点必须相对安全，并防止意外发生。演练前演练地点要设置明显标志。

第六条　单位演练记录和档案由消防工作归口管理部门负责整理。部门的演练记录和档案由部门负责人或指定人员负责整理。

第十三节　燃气及电气设备的检查制度参考范本

第一条　为加强单位燃气和电气设备的安全管理，特制定本制度。

第二条　单位消防工作职能部门每月召集电工对燃气和电气设备进行检查，并填写检查记录。

第三条　检查主要有以下内容：

（一）设备的使用情况，有无异常现象；

（二）熔断器是否符合电气设备安全要求，有无用铜、铝丝代替；

（三）是否存有违章安装使用电焊机、电热器具、照明器等现象；

（四）电气设备的接地、短路等保护装置是否合格，是否存在超负荷运行的现象；

（五）检查避雷器锈蚀程度、有无裂纹，引线是否完全，触点是否松动；

（六）检查设备静电连接是否齐全、可靠。

第四条　对检查中发现的隐患，有关部门应按照《火灾隐患整改制度》的要求落实整改措施。

第五条　每半年应找专业部门对建筑物、设备的防雷、防静电情况进行一次检查、测试，并做好检查记录，出具测试报告。

第十四节　消防安全工作考评和奖惩制度参考范本

第一条　为确保单位及员工的生命财产安全，提高广大员工对消防工作的责任心和自觉性，特制定本制度。

第二条　消防安全工作考评由消防工作归口管理部门实施，奖惩由人力资源管理部门实施。

第三条　考评采取定期考评和随机考察相结合的办法。单位结合实际对消防安全工作每年进行一次考评，也可随机进行抽查考评。

第四条　考评应涵盖以下内容：

（一）部门员工执行规章制度和操作规程的情况；

（二）落实消防安全管理体系运行的情况；

（三）部门员工履行岗位职责的情况。

第五条　每次考评完成后，消防归口管理部门要将考评结果报送人力资源管理部门。

第六条　奖惩办法：

（一）凡有下列情形之一，根据情况给予精神和物质奖励：

1. 认真履行消防安全岗位职责，严格落实消防安全制度，为消防安全做出突出成绩者；

2. 发现重大火灾隐患及时报告者；

3. 发现初期火灾及时报警和灭火，避免重大损失者；

4. 在火灾扑救过程中判断正确，处事果断，事迹突出者；

5. 积极参加消防宣传教育培训，在消防技能知识比赛中取得优异成绩者；

6. 在消防工作中有其他优异成绩和突出表现者。

（二）有下列情形之一者，根据情况予以罚款（根据单位情况）：

1. 不履行消防安全岗位职责，不落实消防安全制度，对消防安全工作造成影响者；

2. 在生产、经营、办公等区域内吸烟或遗留烟头者；

3. 擅自挪用和遮挡生产、办公等区域内的消防设施、器材和标志者；

4. 堵塞、占用消防安全疏散通道，在通道内堆放物品者；

5. 不会使用灭火器材灭火和不会报火警者；

6. 无故不参加消防培训者。

（三）有下列情形之一者，根据情况予以罚款（根据单位情况）：

1. 未经许可擅自施工装修造成火灾隐患者；

2. 违章使用电器设备和乱拉乱接电线者；

3. 未经允许动用电气焊及使用明火作业者；

4. 违规储存、使用易燃、易爆危险物品者；

5. 损坏消防设施、消防器材、消防疏散指示标志、应急照明者（不包含赔偿金）；

6. 使用易燃材料装修和不按规定进行阻燃处理者；

7. 违规安装使用不合格电器产品者；

8. 不遵守消防法规引起火灾或重大火灾隐患者（不包括火灾的损失赔偿）；

9. 其他违反消防法律、法规的行为。

（四）违反消防法律法规情节严重、造成严重损失的，移交公安、司法部门处理。

参考文献

[1] 中华人民共和国住房和城乡建设部. 建筑内部装修设计防火规范：GB 50222—2017 [S]. 北京：中国计划出版社，2017.

[2] 中华人民共和国住房和城乡建设部. 建筑防烟排烟系统技术标准：GB 51251—2017 [S]. 北京：中国计划出版社，2017.

[3] 中华人民共和国住房和城乡建设部. 建筑设计防火规范：GB 50016—2014 [S]. 北京：中国计划出版社，2014.

[4] 中华人民共和国住房和城乡建设部. 火灾自动报警系统设计规范：GB 50116—2013 [S]. 北京：中国计划出版社，2013.

[5] 中华人民共和国住房和城乡建设部. 消防给水及消火栓系统技术规范：GB 50974—2014 [S]. 北京：中国计划出版社，2014.

[6] 中华人民共和国住房和城乡建设部. 自动喷水灭火系统设计规范：GB 50084—2017 [S]. 北京：中国计划出版社，2017.

[7] 公安部消防局. 消防监督检查 [M]. 北京：国家行政学院出版社，2015.